I'M MAKER i创客

米思齐实战手册

程晨 著

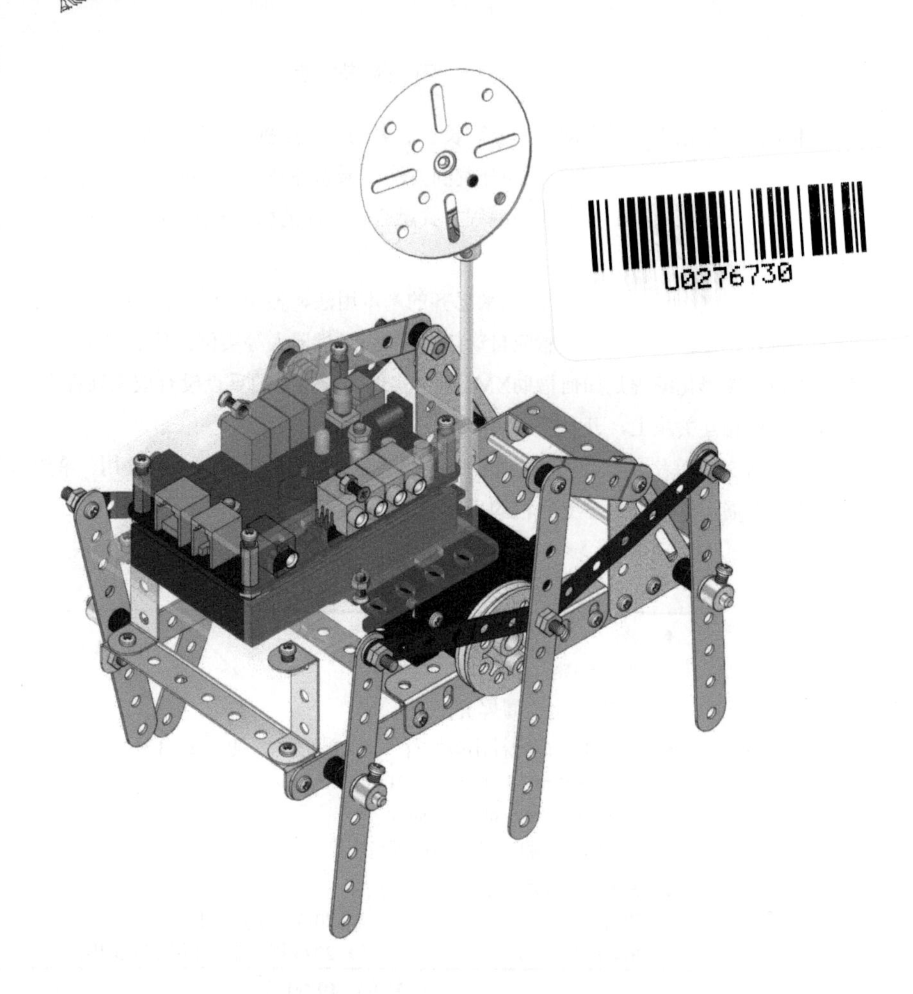

人民邮电出版社
北京

图书在版编目（CIP）数据

米思齐实战手册 : Arduino图形化编程指南 / 程晨
著. -- 北京 : 人民邮电出版社, 2017.1
（创客教育）
ISBN 978-7-115-43558-3

Ⅰ. ①米… Ⅱ. ①程… Ⅲ. ①单片微型计算机－程序
设计－手册 Ⅳ. ①TP368.1-62

中国版本图书馆CIP数据核字(2016)第235484号

内容提要

本书由少年创学院联合创始人兼院长、著名创客程晨撰写，以Arduino作为硬件平台，介绍了使用米思齐（Mixly）软件进行程序开发的方法。米思齐是由北京师范大学教育学部创客教育实验室推出的将图形化编程方式和代码编程方式融合在一起的软件开发环境。借助它，中小学生和初学者能够更轻松地编写程序。

本书分为8个章节，首先介绍了米思齐的基本用法、各功能模块的功能，然后通过数码骰子、温度记录仪、增强型控制板、感应自动门、简易6足机器人等实例具体展现了图形化编程过程，最后还剖析了图形化编程是如何借助XML语言实现的。本书的重点没有放在硬件上，而是放在了图形和代码的相互关系上，开发平台也不限于Arduino。

本书适合初学者自学编程，也适合中小学选修课、课外兴趣班教学使用，希望本书能够推动创客教育的发展，让你轻松享受编程的乐趣。

◆ 著　　　程　晨
责任编辑　周　明
责任印制　周昇亮

◆ 人民邮电出版社出版发行　　北京市丰台区成寿寺路 11 号
邮编　100164　　电子邮件　315@ptpress.com.cn
网址　http://www.ptpress.com.cn
固安县铭成印刷有限公司印刷

◆ 开本：690×970　1/16
印张：9.25　　　　2017 年 1 月第 1 版
字数：211 千字　　2025 年 1 月河北第 26 次印刷

定价：49.00 元

读者服务热线：(010)53913866　印装质量热线：(010)81055316
反盗版热线：(010)81055315
广告经营许可证：京东市监广登字20170147号

前 言

Arduino因其简单易用、完全开源、扩展丰富的特点而成为开源硬件中的一个重要角色，它将硬件开发的难度降低了一个档次。使用Arduino制作电子作品时，我们不再需要单独学习单片机、寄存器之类的底层知识，只需要专注于我们的想法与想要实现的功能。它让每个人都能完成一个具有交互功能的硬件作品。

在国内，Arduino的应用更是推动了创客教育的发展，广大中小学生也加入学习Arduino的过程中。随着越来越多的中小学开设Arduino相关的课程，老师反馈的问题也逐渐增多，其中最突出的问题就是Arduino采用的是代码编程，延长了课堂的教学时间，虽然有ArduBlock这样的图形化编程插件，但老师在使用中依然会遇到这样那样的小问题。

在大家的期盼当中，北京师范大学教育学部创客教育实验室推出了将图形化编程方式和代码编程方式融合在一起的软件开发环境米思齐（Mixly）。当笔者看到米思齐时，感觉就和当年第一次接触Arduino一样，希望更多的人能够了解它、使用它，于是就有了本书的构想。经过几个月的努力，终于完成了书稿的编写。

因为目前市面上已经有不少介绍Arduino的书，所以本书的重点没有放在硬件上面，而是放在了图形和代码的相互关系上。主要内容是介绍米思齐软件的应用，在第一章的总体描述之后，通过一个一个具体的实例来强化大家应用米思齐的能力。本书比一般Arduino入门书籍介绍的功能要广一些，比如我们用到了系统时间，用到了EEPROM，用到了红外接收功能等。

本书面向的是对Arduino感兴趣的读者，尤其是希望在Arduino教学中使用米思齐的老师。虽然本书以Arduino作为硬件平台，但米思齐能够开发的硬件平台却不限于Arduino。希望本书能够让你真正了解米思齐，掌握米思齐，享受编程的乐趣。

为了更适合读者阅读，本书采用全彩色印刷，书中实例使用Fritzing绘制实物连接效果图，更加直观、明了。这里要感谢人民邮电出版社的编辑在出版过程中付出的努力，最后还是要感谢现在正捧着这本书的您，感谢您能花费时间和精力阅读本书。由于创作时间有限，书中难免存在疏漏与错误，诚恳地希望您批评指正，您的意见和建议将是我巨大的财富。

程晨

2016.8.1

目录

第 1 章　初识米思齐

1.1　米思齐简介

米思齐是一款将图形化编程方式和代码编程方式融合在一起，为硬件编程的软件开发环境，英文名为Mixly，是北京师范大学教育学部创客教育实验室傅骞教授团队基于Blockly和Java8开发完成的。

目前，开源硬件Arduino中的AVR系列均可通过Mixly来开发。与Arduino的可视化编程插件ArduBlock相比，Mixly简化了Arduino IDE和ArduBlock可视化编程插件的双窗口界面，为Arduino学习者提供了更友好的编程环境。

1.2　软件界面

1.2.1　软件获取

我们可以从北京师范大学教育学部创客教育实验室的网站（http://maker.bnu.edu.cn）下载到Mixly开发环境。网站页面如图 1.1 所示。

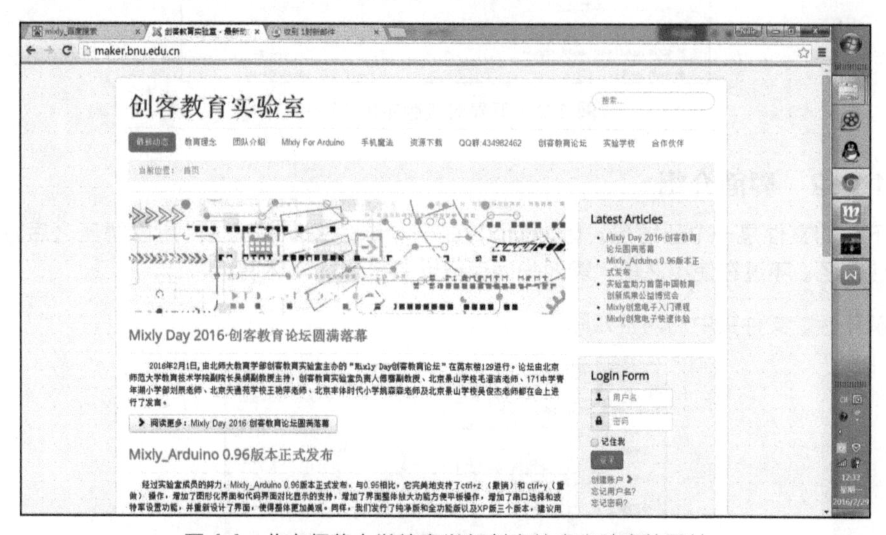

图 1.1　北京师范大学教育学部创客教育实验室的网站

网站上有Mixly的最新进展以及近期活动等内容，要下载软件，可以选择“资源下载”或“Mixly For Arduino”。如果你选择的是“Mixly For Arduino”，会发现该菜单下弹出了几个子菜单，如图 1.2 所示。

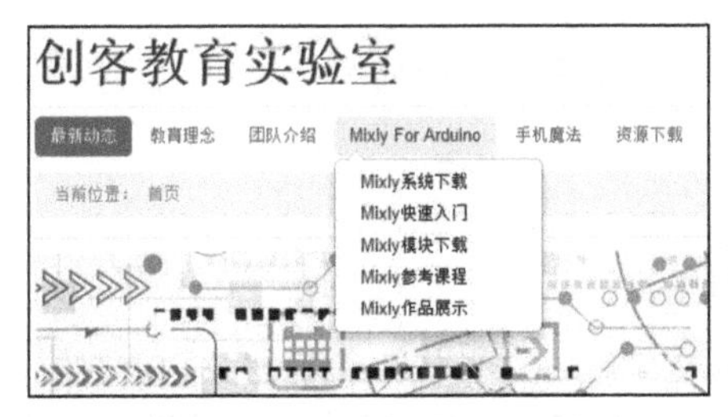

图 1.2　“Mixly For Arduino”中的子菜单

要下载软件，请单击几个子菜单中的“Mixly系统下载”，之后就会打开一个资源的界面，如图1.3所示，选择下载相应版本的Mixly即可。这里要说明一下，目前，Mixly有针对Windows和MacOS的两个版本，笔者使用的操作系统是Windows，所以本书后面的内容均是在Windows下操作的。

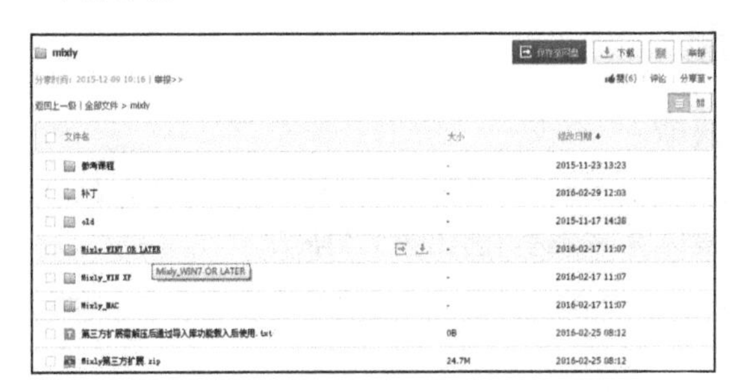

图 1.3　下载对应版本的 Mixly

1.2.2　界面介绍

下载的文件是一个压缩包，因为Mixly是一个绿色免安装软件，所以解压之后就可以直接使用了。不过在使用之前，需要先确保已安装了JAVA环境。

解压后，文件夹中的内容如图 1.4 所示。

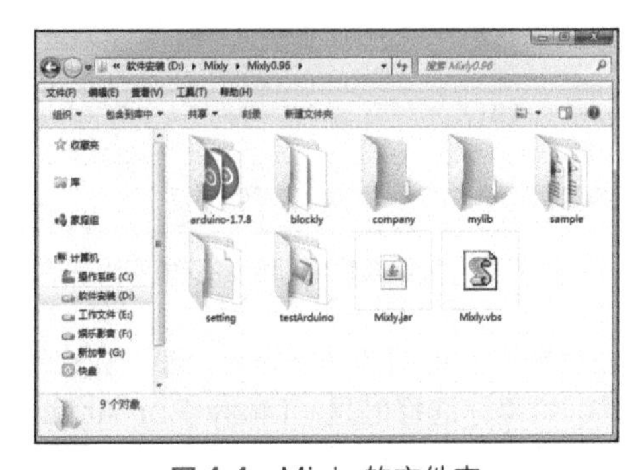

图 1.4　Mixly 的文件夹

在文件夹中，不是文件夹类型的文件有两个，将文件扩展名显示出来之后，能看到其中一个名为“Mixly.jar”，另一个名为“Mixly.vbs”。这里双击“Mixly.vbs”运行它，就能打开Mixly，软件界面如图1.5所示。

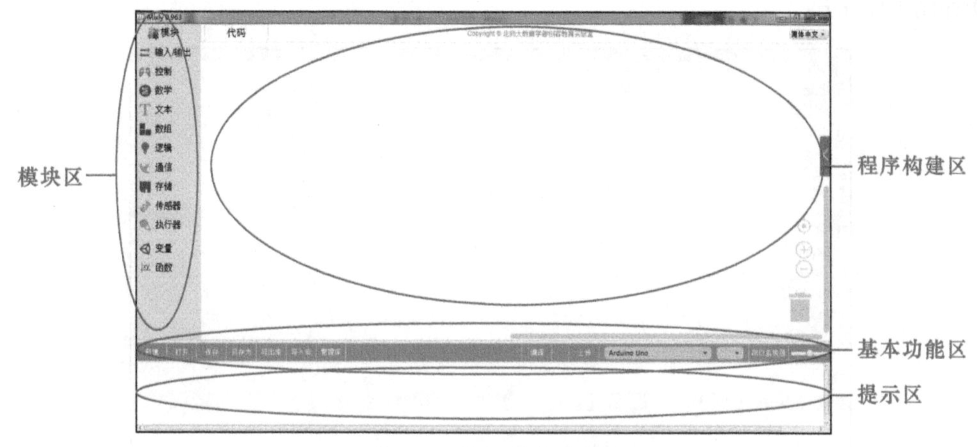

图1.5 Mixly的软件界面

总体来说，软件界面分为4个部分。

（1）左侧为模块区，这里包含了Mixly中所有能用到的程序模块，根据功能的不同，大概分为以下几类：输入/输出、控制、数学、文本、数组、逻辑、通信、存储、传感器、执行器、变量和函数。每种类型的模块都用不同的颜色块表示，其中每一个分类中的模块，在下一节有专门的介绍。

（2）模块区的右侧是程序构建区，按住鼠标左键拖住模块区的模块，可以将它们放到程序构建区，拖曳过来的模块会在这里组合成一段有一定逻辑关系的程序块。这个区域有点类似代码程序编辑软件中写代码的地方。在这个区域的右下角有一个垃圾桶，想要删除模块时，就要将模块拖入垃圾桶中。在垃圾桶上方有3个圆形的按钮，能够实现程序构建区的放大、缩小和居中。

（3）模块区和程序构建区的下方是基本功能区，有点类似一般软件的菜单区。这里不仅包含了新建、打开、保存、另存为这样的各种软件都具有的按钮，还包含了硬件编程软件中需要用到的编译、上传、控制板选择、连接端口选择以及串口监视器这样的按钮。

（4）软件的最下方是提示区，这里在软件编译、上传的过程中会显示相应的提示信息。我们可以通过提示信息来解决编译上传中出现的一些问题。

最后还要补充两点：第一点是Mixly支持多种语言，我们可以通过界面右上角的下拉菜单选择不同的语言版本，此时这个下拉菜单显示的是“简体中文”。第二点是在界面左上角模块的右侧有一个“代码”选项卡，单击这个选项卡就能进入纯代码形式。Mixly作为一款将图形化编程方式和代码编程方式融合在一起的开发环境，如果只能单独地显示代码或显示图形程序块，那肯定不够好，Mixly是能够将代码和图形程序块同时呈现在屏幕上的，这个功能可以通过程序构建区最右侧的一个向左的按钮实现，单击这个按钮之后的效果如图1.6所示。

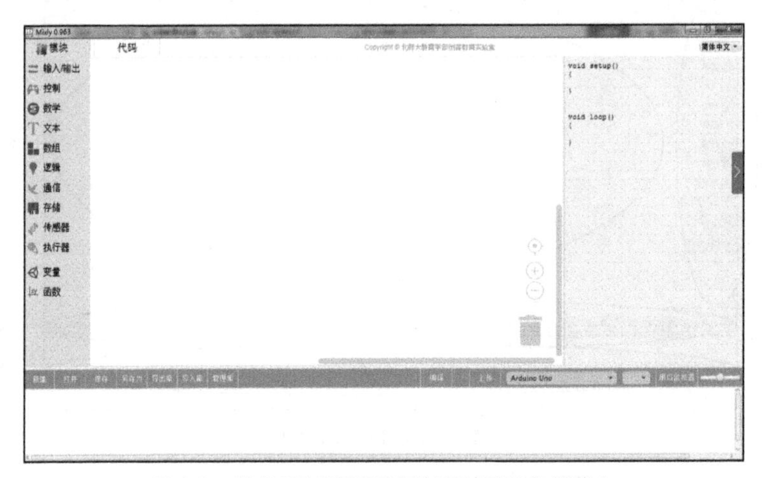

图 1.6　将代码和图形程序块同时呈现在屏幕上

此时，在程序构建区的右侧会显示出对应的代码，这段代码是和程序构建区中的模块所组成的程序块对应的，会随着模块的变化而变化，不过区域中的代码是不可编辑的。同时界面最右侧那个向左的箭头按钮变成了向右的箭头。

1.3　各功能模块介绍

介绍完整体的界面布局之后，下面让我们来看看模块区中各个模块的功能。如果你是一位零基础的读者，可能会遇到一些不能理解的概念，我的建议是跳过不理解的部分，接着往下阅读，也许通过后面具体的实例就能更直观地理解这些概念了。如果读完本书还有一些概念没有理解，那么可以阅读本人的《Arduino开发实战指南：AVR篇》《Arduino电子设计实战指南：零基础篇》。

1.3.1　输入/输出

对于硬件控制板来说，管脚（我们通常使用“引脚”这个名称，但由于Mixly中采用了“管脚”，为了与插图保持统一，书中也采用“管脚”）的输入/输出控制是最基本的操作。本人对电子学的理解是电子学的世界中实际上只有两种信号——数字信号和模拟信号，而硬件控制板要处理的，或者说是我们在制作电子作品时需要处理的也就是这两种信号，外围使用的各种传感器、驱动部件的信号也都可以归结为这两种。每种信号又分为输入和输出两种处理形式，所以最基本的就是4种情况：管脚的数字量输入、管脚的数字量输出、管脚的模拟量输入、管脚的模拟量输出，而串行通信实际属于数字信号处理的一种扩展。借助“输入/输出”分类中的模块，能够实现管脚输出高/低电平，或检测管脚上允许范围内的电压输入的功能。单击模块中的输入/输出分类，会弹出如图 1.7 所示的模块列表。

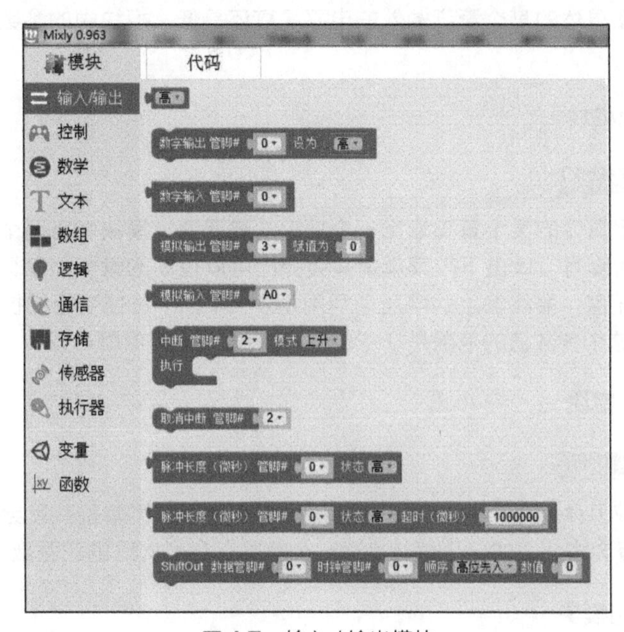

图 1.7　输入/输出模块

1. 高/低数值模块

该模块会提供一个高或低的数值，表示管脚输出高电平或低电平。通过模块中的下拉菜单箭头，可以更改提供的数值。

2. 数字输出模块

该模块会设置具体的某个管脚输出高电平或低电平。模块中有两个参数可以改变：一个参数是前面的管脚号，单击下拉菜单箭头会弹出可以控制的管脚列表；另一个参数是设置管脚输出的电平高/低，和上一个模块一样，也是通过下拉菜单箭头改变。

注： 实际上第二个参数用的就是第一个高/低数值模块。

3. 数字输入模块

数字输入 管脚# 0

该模块会获取具体的某个管脚输入的电平是高还是低，模块中的参数用于设置具体管脚号。

4. 模拟输出模块

模拟输出 管脚# 3 赋值为 0

该模块会设置具体的某个管脚输出一个特定的电压值。模块中有两个参数可以变：一个参数是前面的管脚号，单击下拉菜单箭头会弹出可以控制的管脚列表；另一个参数是设置管脚输出的电压值，最终输出的电压值范围是0~5V，不过控制板的控制精度能够达到0.0195V，所以这个参数值的范围是0~255，直接输入参数值就可以。

5. 模拟输入模块

模拟输入 管脚# A0

该模块会获取具体的某个管脚输入的电压值，单击下拉菜单箭头就会弹出可以使用的管脚列表。控制板会将获取的电压值转换成一个范围在0~1023的正整数。

6．中断控制模块

该模块会在某个管脚的电平变化时产生一个中断，运行“执行”模块中包含的程序块。模块中有两个参数可以调整：一个参数是前面的管脚号，单击下拉菜单箭头会弹出可以控制的管脚列表；另一个参数是设置中断触发模式，单击下拉菜单箭头可选择电平上升、下降或变化。

7. 取消中断模块

取消中断 管脚# 2

该模块能够取消某个管脚的中断。

8. 脉冲长度模块

脉冲长度（微秒）管脚# 0 状态 高

该模块能够获取相应管脚持续一种状态的时间长度。第一个参数是对应的管脚号，第二个参数是选择获取持续哪种状态的时间长度，通过单击下拉菜单箭头可选择高或者低。

9. 带超时限制的脉冲长度模块

该模块与上一个模块的功能类似，只是加了一个超时参数。

10. 移位输出模块

该模块需要用到两个管脚，一个当作数据管脚，另一个当作时钟管脚，以数字脉冲的形式发送最后的“数值”参数。“数值”参数前面的数序参数可以通过下拉菜单箭头选择“高位先入”还是“低位先入”。

1.3.2　控制

控制是支撑起整个程序逻辑关系的主题，有了控制，才能实现不同程序模块的选择和跳转。单击模块中的“控制”分类，会弹出如图 1.8 所示的模块列表。

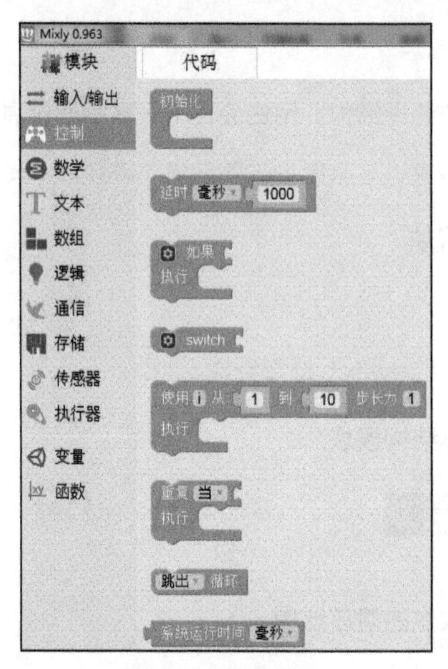

图 1.8　控制模块

1. 初始化模块

由于直接放在程序构建区的模块是在loop函数中循环运行的，如果我们希望某个程序模块只在初始化时运行，就需要将对应的模块放在初始化模块中。

2. 延时模块

该模块能够让程序等待一段时间。模块中有两个参数可以修改：一个参数是前面的延时时间单位，单击下拉菜单箭头可选择毫秒或微秒（1毫秒=1000微秒）；另一个参数是延时的时间，这个参数直接输入就可以了，单位就是前面的参数值。

3. 选择结构模块

该模块用于实现判断的选择结构，用法会在下一章中通过具体的实例来说明。

说明： 涉及程序结构的模块，我们均在之后通过具体的实例来说明。

4. switch选择结构模块

该模块用于实现多分支的switch选择结构。

5. 一定次数内的循环结构模块

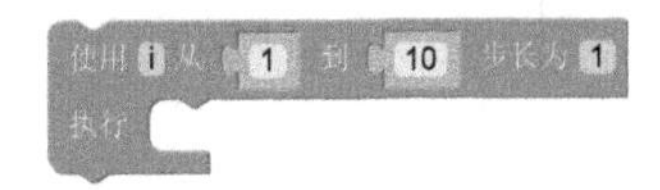

该模块用于实现一定次数的循环结构。

6. 循环结构模块

该模块用于实现“当”型或“直到”型循环结构。单击参数中的下拉菜单箭头可选择“当”或“直到”。整个模块可以添加一个条件值。

在“当”型循环结构中，当条件值为真时，执行循环体语句；当条件值为假时，跳出循环体，结束循环。在“直到”型循环结构中，会先执行模块中的程序块，然后再判断条件值是否为真，如果为真则继续循环，如果为假则终止循环。

7. 跳出循环模块

跳出 循环

该模块放在程序中用来跳出任意一种循环体。

8. 系统运行时间模块

系统运行时间 毫秒

该模块会获取系统上电后运行的时间，通过参数可选择时间的单位是毫秒还是微秒。

1.3.3 数学

“数学”分类中是一些与数学相关的模块，单击模块中的“数学”分类，会弹出如图 1.9 所示的模块列表。

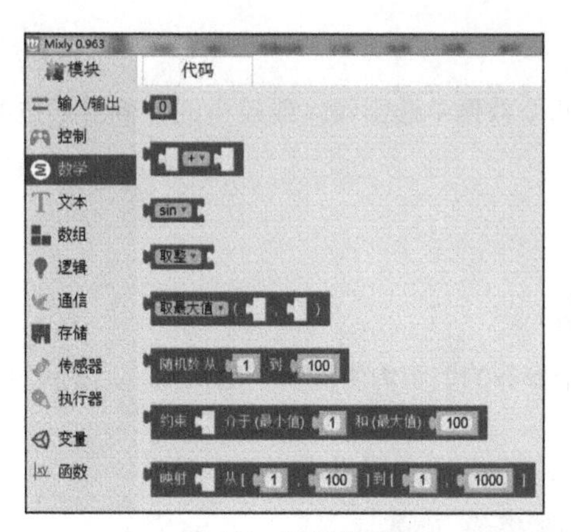

图 1.9 数学模块

1. 数值模块

0

该模块会提供一个数值，可作为其他模块的参数或条件。

2. 运算模块

该模块能够实现两个数据的加、减、乘、除以及取余、半加操作，运算方式可以通过下拉菜单选择。

3. 三角函数模块

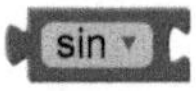

该模块能够实现一些三角函数运算。单击下拉菜单箭头可选择sin、cos、tan、atan、asin以及acos这几种三角函数。

4. 简单运算模块

该模块能够实现一些简单的单个数据的运算。单击下拉菜单箭头可选择取整、取绝对值、平方、平方根和自然对数运算。

5. 取最大值模块

该模块会在后面的两个数据中选出较大或较小的，单击下拉菜单箭头可选择取最大值或取最小值。

6. 随机数模块

该模块会在后面两个参数的范围内生成一个随机数，后面两个参数直接输入即可。

7. 数字约束模块

该模块会判断第一个数值是否在后两个数值（最小值和最大值）的范围之内。如果第一个数值小于最小值，则返回最小值；如果第一个数值大于最大值，则返回最大值；如果第一个数值在后最小值和最大值范围内，则返回第一个数值。

8. 数字映射模块

该模块是将前面两个数值范围内的数值等比映射到后面两个数值范围内。

1.3.4 文本

“文本”分类中是一些与字符、字符串相关的模块，单击模块中的“文本”分类会弹出如图1.10所示的模块列表。

图 1.10　文本模块

“文本”分类中只有4个模块。第一个模块是字符串模块，该模块会提供一个字符串，内容直接在双引号中输入即可；第二个模块是文本连接模块，该模块能够将两个字符串结合成一个字符串；第三个模块是文本转数值模块，该模块能将数字字符串转成成数值；而第四个模块与第三个模块相反，是数值转文本模块，该模块能够将数值转换成字符串。

1.3.5 数组

“数组”分类中是一些与数组操作相关的模块，单击模块中的“数组”分类会弹出如图1.11所示的模块列表。

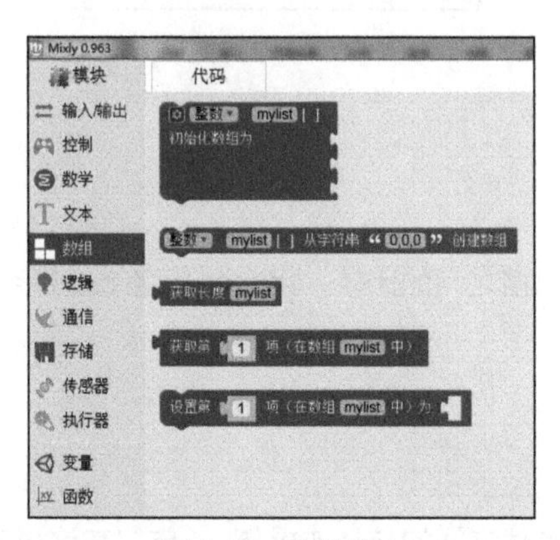

图 1.11　数组模块

数组可以理解为一串用来存储数据的空间。“数组”分类中的模块就是用于对这些空间的操作，包括往空间中放入数据和从空间中取出数据。

其中，往空间放入数据的模块有3个，分别为第一个、第二个和第五个。不同的是，第一个模块是以一个一个变量的形式整体放入数据，第二个模块是以一个字符串的形式整体放入数据，而第五个模块一次只能往一个空间放入数据。

从空间取出数据的模块是第四个，该模块能够从指定的空间中将数据取出。

另外，在“数组”分类中还有一个模块能够获得数组的长度，这个模块就是“数组”分类中的第三个模块。

1.3.6 逻辑

“逻辑”分类中是进行逻辑操作的模块，单击模块中的“逻辑”分类会弹出如图1.12所示的模块列表。

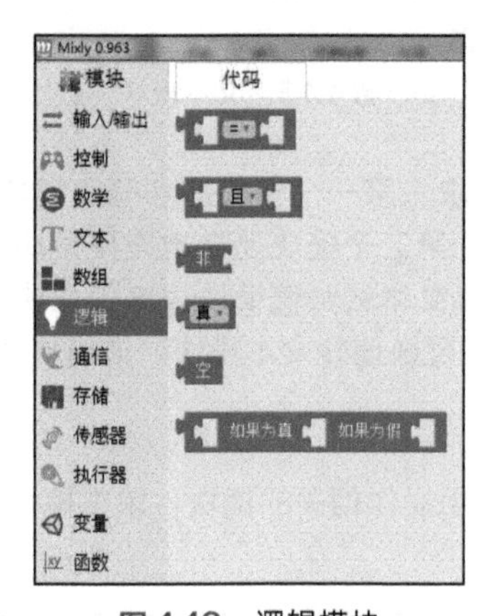

图 1.12 逻辑模块

1. 条件判断模块

该模块能够实现两个数据之间的比较，用来判断两个数是否相等、哪个数比较大、哪个数比较小等。

2. 逻辑运算模块

该模块能够实现两个条件之间的与、或操作，“与”在这里表示为“且”。单击下拉菜单箭头可选取“且”或“或”。

3. 非模块

该模块能够实现逻辑非操作。

4. 真/假数值模块

该模块会提供一个真或假的数值，单击模块中的下拉菜单箭头可以更改模块所提供的数值。

5. 空模块

该模块会提供一个空操作。

6. 条件选择模块

该模块会判断第一个条件，如果为真，会返回模块中“如果为真”后面的数据；如果为假，则会返回模块中“如果为假”后面的数据。

1.3.7　通信

通信是硬件开发过程中另一块非常重要的功能，控制板可以通过串行数据的形式（包括Serial、I^2C、SPI等）与计算机或其他无线设备进行数据交换，也能够扩展很多外围的硬件模块，还能够实现多个控制板之间信息的互联互通。

“通信”分类中的模块非常多，单击模块中的“通信”分类会弹出模块列表。这里笔者将这些模块大致归为3种：与Serial（串行接口）相关的（见图1.13）、与红外遥控相关的以及与I^2C相关的（见图1.14）。三者都是利用一串有规律的数字变化量来传递信息的，只是所占用的管脚、具体的数据格式有所不同。

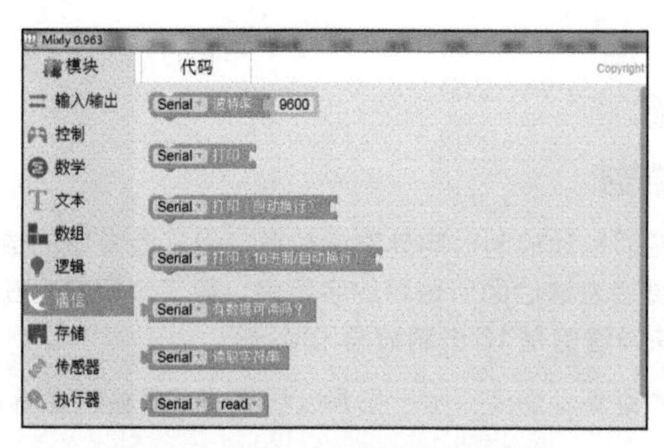

图 1.13　与 Serial 相关的通信模块

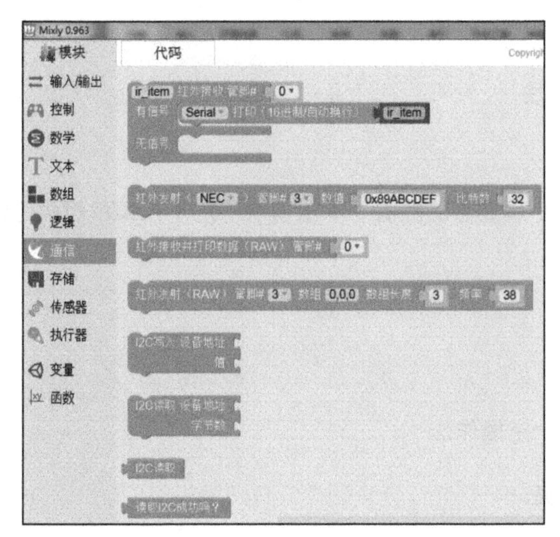

图 1.14　与红外遥控和 I^2C 相关的通信模块

我们在使用软件的过程中不用具体去了解硬件是如何实现的，只要掌握模块的功能和用法就好了。

1. 波特率设置模块

Serial 波特率 9600

该模块用来设置Serial端口的波特率。

说明： 因为Serial方式没有时钟管脚，为了能够让通信双方知道什么时候提取下一位数字量，所以需要设定波特率作为彼此通信的标准速率。

2. Serial打印模块

Serial 打印

Serial 打印（自动换行）

Serial 打印（16进制/自动换行）

这3个模块的功能都是让控制板向外发送数据，但三者发送的数据格式和内容有所差异。第一个模块就是直接发送后面所跟着的字符串，第二个模块会在字符串之后增加一个换行符，而第三个模块发送的是16进制数据和换行符。

说明： 换行符我们是看不到的，不过如果以数据的形式显示是有内容的。

3. Serial数据接收检测模块

该模块会告诉我们硬件的Serial接口是否接收到了数据。

4. Serial读取模块

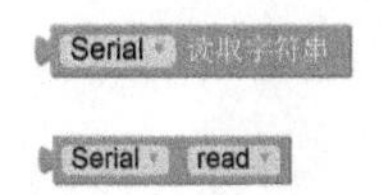

这两个模块是用来读取硬件的Serial接口接收到的数据的。不同的是，第一个模块是按照字符串的形式读取的，而第二个模块是按照字节来读取的。

5. 红外接收与Serial打印模块

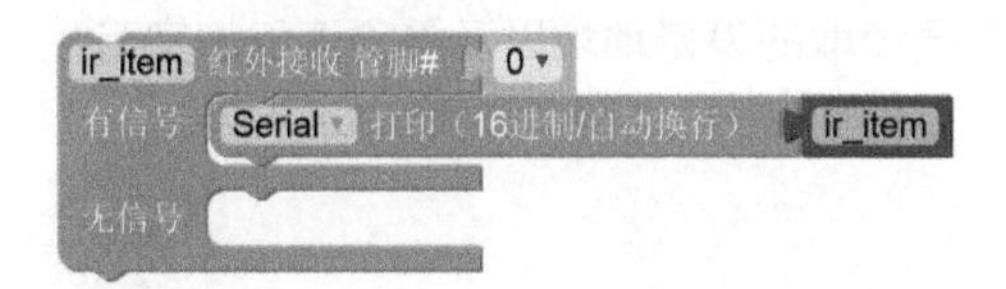

该模块实际上是一个组合形式的模块，是红外接收加上一个控制板向外发送数据的模块。模块的功能是从指定的管脚接收红外数据，并将数据放入变量ir_item中，然后使用之前介绍的Serial打印模块将变量ir_item的值发送出去。

6. 红外发射模块

该模块能够按照一定格式通过指定管脚发送数据。

7. 红外接收并打印数据模块

该模块的功能是在接收到红外信号时以RAW的格式通过Serial接口发送出来。

8. 红外发射数组模块

该模块的功能是在指定管脚以RAW格式发送数组数据，最后面的两个参数，一个是数组的长度，另一个是发送的频率。

9. I^{2}C写入模块

该模块的功能是通过 I^{2}C 接口发送数据，发送时要指定设备地址和数值。

10. I^{2}C读取模块

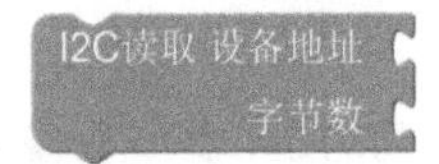

I2C读取

这两个模块的功能是通过 I^{2}C 接口读取外部设备的数据。通过 I^{2}C 接口读取数据需要进行两步操作：首先要通过第一个模块设定需要读取的设备地址以及希望读取的字节数，然后利用第二个模块来读取数据。

1.3.8 存储

“存储”分类中包含了SD卡和内部EEPROM的存储操作模块，单击模块中的“存储”分类会弹出如图 1.15 所示的模块列表。

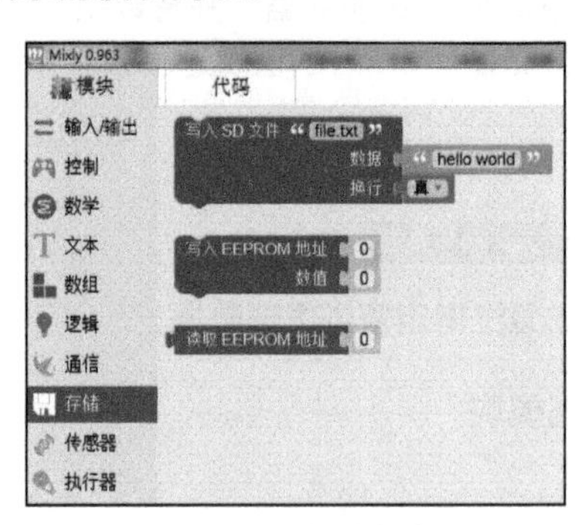

图 1.15 存储模块

其中用于操作SD卡的模块只有一个，功能就是将一个字符串写入SD卡的指定文件中。

另外两个模块都是用于操作EEPROM的。和 I^{2}C 的相关模块类似，一个模块用于写入，另一个模块用于读取，不过因为EEPROM只能读取一个字节，所以这里只有一个用于读取数据的模块。

1.3.9 传感器和执行器

传感器模块涉及超声波传感器和温/湿度传感器，执行器模块涉及舵机、步进电机和液晶屏。由于本书只是利用基本的元器件总体介绍一下Mixly的使用方法，较偏重结构和逻辑方面的内容，这两类模块就不展开介绍了。

1.3.10　变量和函数

“变量”分类中是用于对变量进行操作的一些模块，单击模块中的“变量”分类会弹出如图1.16所示的模块列表。

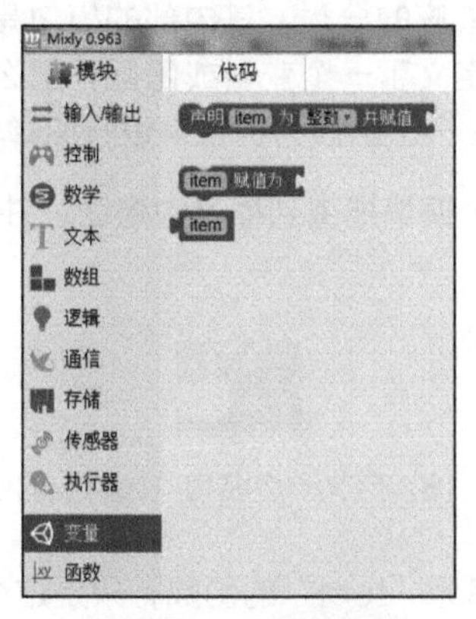

图 1.16　变量模块

“变量”分类中的第一个模块是用来声明变量的，声明变量需要定义变量的名字、类型以及初始值。

分类中第二个模块是用来为变量赋值的，而三个模块会提供变量的值。

“函数”分类中是用于对函数进行操作的一些模块，单击模块中的“函数”分类会弹出如图1.17所示的模块列表。

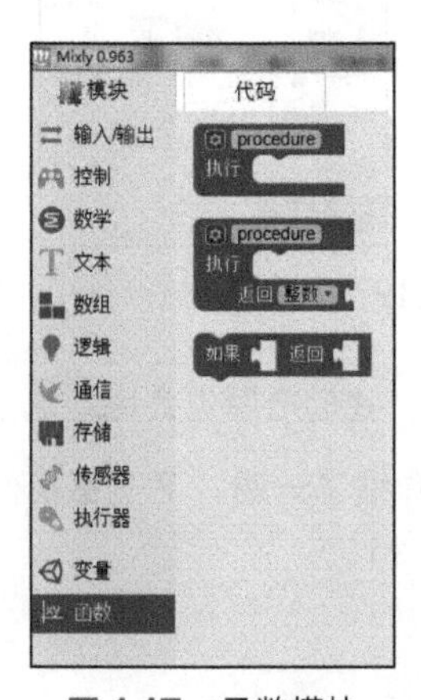

图 1.17　函数模块

“函数”分类中的第一个模块和第二个模块都是用来定义函数的，不同的是，第一个模块定义的函数是无返回值的，而第二个模块定义的函数是有返回值的。在定义函数时要提供函数名。

而分类中的第三个模块是用在定义的函数内部的，功能是在前面的条件正确时，让函数返回后面的参数值。

变量和函数是两个能够自适应的分类，其内部的模块是随着我们定义的函数和变量而变化的。也就是说，如果我们定义了一个变量或函数，那么这个定义的变量和函数就会出现在模块的分类中。这里以定义一个函数为例来来进行简单的说明。

将“函数”分类中的第一个模块拖曳到程序构建区，并将其命名为“test”，效果如图1.18所示。

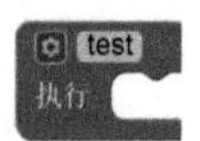

图1.18 定义一个名为“test”的函数

这样，我们就定义了一个名为“test”的函数，只是这个函数的内部为空。此时，我们再点开“函数”分类，就会发现里面多了一个名为“执行test”的模块，如图1.19所示。

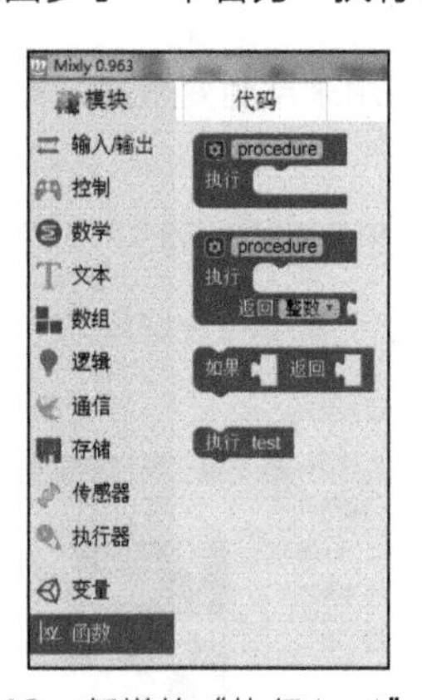

图1.19 新增的“执行test”模块

“变量”分类的情况与之类似，我们之后也会用到这部分内容。

以上，我们将所有模块大致介绍了一遍，下一章我们就利用Mixly来为Arduino实际编写一段程序。

第 2 章 米思齐上手

2.1 模块使用说明

在开始具体的程序之前，我们先来简单说明一下 Mixly 中模块的用法。

通过观察上一章中介绍的各个模块，我们能发现每个模块要么多一块，要么少一块，都不是正规的长方形。这点不同就表示了模块属于哪种类型，是以什么形式放在程序块中的。模块整体的外观设计遵循从上往下、左出右入的原则；在形状方面，上方是三角形的缺口，下方是三角形的凸起，左侧是拼图样式的连接凸起，右侧是拼图样式的连接缺口。

这里以“通信”分类中的 I^2C 写入模块（见图 2.1）来做一个简单的说明。

图 2.1 I^2C 写入模块

该模块上方有一个三角形的缺口，说明模块能够连接到下方有三角形凸起的模块下面。而这个模块下方也有一个三角形的凸起，说明这个模块下方能够连接上方有三角形缺口的模块。如果将该模块放在一段程序块中，则程序运行的顺序是先执行该模块之前的模块，再执行该模块，然后执行这个模块之后的模块。

另外，这个模块右侧还有两个拼图样式的连接缺口，表示模块右侧能够连接两个左边有拼图样式连接凸起的模块，连接的这两个模块是这个写入模块运行时需要输入的参数。对于这个模块，可以连接“数学”分类中的第一个模块（见图 2.2）。

图 2.2 左边有拼图样式连接凸起的模块

这个模块左侧有一个拼图样式的连接凸起，表示模块能够输出或提供一个数值。而这个模块其他 3 个边都很正规，没有什么变形，说明该模块既不能连接到什么模块下面，也不能在下面连接什么模块，而且还不需要输入什么参数。

两个模块连接之后如图 2.3 所示。

图 2.3 模块连接示例

除此之外，还有两种稍微特殊的模块：一种是半包围形状的模块，这种模块通常是表示程序分支结构的模块，模块中可以包含一段程序块；另一种是内部可包含其他数值输出类型模块的模块。

这里以“控制”分类中的选择结构模块以及“输入/输出”分类中的数字输入模块为例进行简单的说明。

图 2.4　选择结构模块

选择结构模块（见图2.4）上方有一个三角形的缺口，说明模块能够连接到下方有三角形凸起的模块下面。模块下方也有一个三角形的凸起，那说明这个模块下方能够连接上方有三角形缺口的模块。

模块右侧有一个拼图样式的连接缺口，表示模块右侧能够连接一个左侧有拼图样式连接凸起的模块，这里我们连接了一个“输入/输出”分类中的数字输入模块。

数字输入模块中管脚参数的样式很像“数学”分类中的第一个模块，虽然我们通过下拉菜单箭头能够修改其中的参数，但是如果直接拖曳一个数值模块放在这里也是可以的。此处数字输入模块后面默认包含了一个数值为0的数值模块，所以在拖曳出来的数字输入模块中，这个参数的位置是填好的，不过在软件当中，还有一些模块中的参数位置是空的，这就是真正的内部可包含其他数值输出类型模块的模块，如“数学”模块中的运算模块（见图2.5）。

图 2.5　运算模块

而在半包围形状的下方同样有一个三角形的凸起，说明这里也能够连接上方有三角形缺口的模块。我们将之前的I^{2}C写入模块放在这里。

完成后的程序块如图2.4所示，此时这个程序块实现的功能是判断管脚0输入的数字信号，如果为真，才会执行选择结构模块中包含的I^{2}C写入模块，否则是不会执行I^{2}C写入模块的。

图形化编程的优势就是程序的逻辑很直观，不太会出现语法上的错误。对于Mixly来说，笔者常用以下4句话作为模块使用方法的总结：

三角对三角，拼图对拼图，

左边不能鼓，右侧不能缺。

2.2　编程的硬件——控制板

了解了模块的使用方法之后，下面我们就来看看如何用Mixly给硬件控制板编程。本人之前出版的《Arduino电子设计实战指南：零基础篇》中使用的是Arduino的兼容版——DFRobot的Dreamer Nano，这里依旧使用Dreamer Nano作为Mixly编程的硬件。由于Arduino是开源硬件，使用其他兼容版，操作方法是相同的。如果大家在操作硬件时有什么问题，也可以查阅上面所说的那本零基础的Arduino入门图书。

2.2.1　Leonardo的硬件资源

Dreamer Nano是基于Arduino Leonardo的，所以我们先来看看Arduino Leonardo的硬件资源。Arduino Leonardo具有20个数字管脚（其中7个可提供模拟输出）、12个模拟管脚、一个复位开关、一个ICSP下载口，支持USB接口，可通过USB接口供电，也可以使用单独的7 ~ 12V电源供电。Arduino的资源在板子上都有明确的标注，每一个管脚旁边都有一个或几个字符，数字0~13、A0~A5都是管脚，+5V、GND、RESET等都是功能引脚，使用者可以通过它们很方便地了解具体的资源分配。

Arduino Leonardo总体参数见表2.1。

表2.1　**Arduino Leonardo总体参数**

微控制器	ATmega32u4
操作电压	5V
推荐输入电压	7~12V
极限输入电压	6~20V
数字管脚数	20，其中7路提供模拟输出
模拟输入管脚数	12
管脚直流电流	40mA
3.3V脚的电流	50mA
闪存	32KB，其中4KB用于bootloader
SRAM	2.5KB
EEPROM	1KB
时钟频率	16MHz
尺寸	6cm × 5.33cm

各管脚定义如下。

□ 数字管脚：0 ~ 13以及A0 ~ A5

□ 模拟管脚：A0 ~ A5以及数字管脚4、6、8、9、10和12

- 串行通信：0、1（0作为RX接收数据；1作为TX发送数据）
- 外部中断：2、3
- 模拟输出：3、5、6、9、10、11、13
- SPI通信：ICSP端口上
- 板载LED：13
- I^2C通信：SDA、SCL

2.2.2 Dreamer Nano的硬件资源

相对于标准的Arduino Leonardo，Dreamer Nano除了省去外部电源接口之外，保留了其他所有功能，只有一点需要注意：Dreamer Nano没有单独的I^2C通信接口（SDA和SCL），需要使用D2和D3口来实现I^2C的功能。Dreamer Nano的资源标识如图2.6所示。

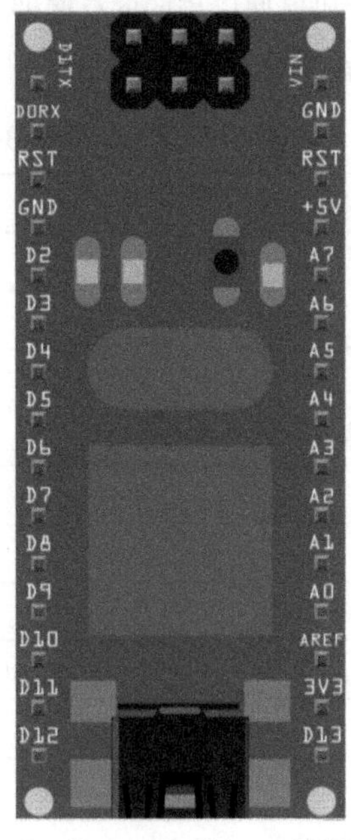

图 2.6 Dreamer Nano 资源标识

Dreamer Nano中的管脚0~13标注为D0~D13，每个都标注在管脚上方，这里要注意左上脚的D1TX和右上角的VIN由于管脚上方是一个安装孔，所以它们标注在了管脚旁边。D1TX和D0RX对应的就是D1和D0，后面的TX和RX是指这两个管脚可用作TX和RX。

图2.7 板上的指示灯

另外还需要说明的一点是板上的4个LED指示灯，如图2.7所示，板上的4个LED从左往右依次是TX、RX、L、ON，TX和RX表示控制板正在与外部进行数据交换，其中TX亮表示控制板正在发送数据，RX亮表示控制板正在接收数据；最右边的ON是控制板的电源指示灯，控制板有电的情况下，ON就会一直亮着；剩下的L是一个板载的测试灯，它连接到Dreamer Nano的D13口，如果我们通过程序修改D13口的状态，能很直观地看到端口状态的变化。

说明： 这里使用Arduino Micro也是一样的，两者的管脚是一致的。

2.3 完成一个顺序结构

2.3.1 程序说明

图2.8中虚线框内所示是一个顺序结构。其中A和B两个框是顺序执行的，程序由a点入，执行A和B之后由b点出。顺序结构是最简单的一种程序结构。

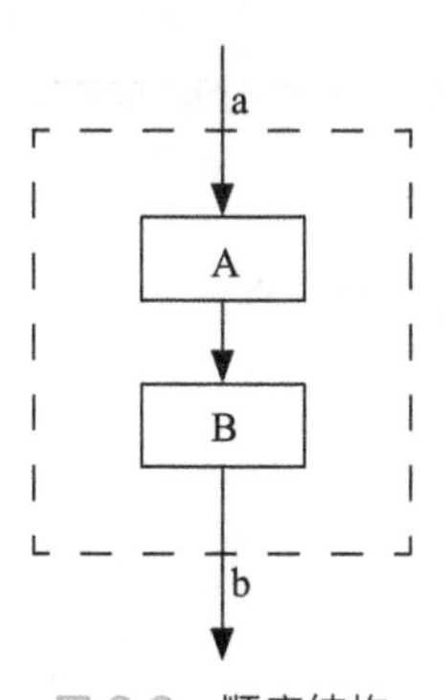

图2.8 顺序结构

本节要实现的功能就是Arduino中经典的Blink功能。我们要控制的是Dreamer Nano上板载的LED，先将LED点亮，并延时1秒，然后将LED熄灭，并延时1秒。

2.3.2 LED闪烁

这里我们要用到的是“输入/输出”分类中的数字输出模块以及“控制”分类中的延时

模块。具体步骤如下。

（1）将“输入/输出”分类中的数字输出模块拖到程序构建区，并指定控制管脚为13（因为板载的LED连接在管脚13），如图2.9所示。这里能看到数字输出模块能够控制Arduino上所有的数字管脚（0~13以及A0~A5）。

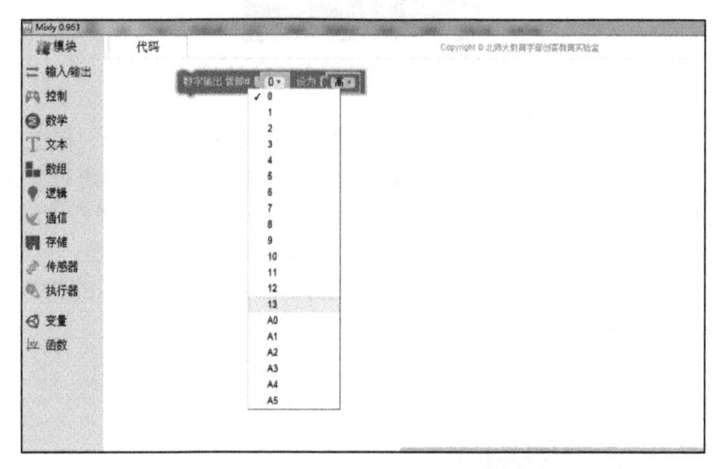

图 2.9　将数字输出模块拖到程序构建区

（2）将“控制”分类中的延时模块拖到程序构建区并连接到输出模块下方，如图2.10所示。因为延时模块中的默认参数就是1000毫秒（即1秒），所以这里不需要修改模块中的数值。

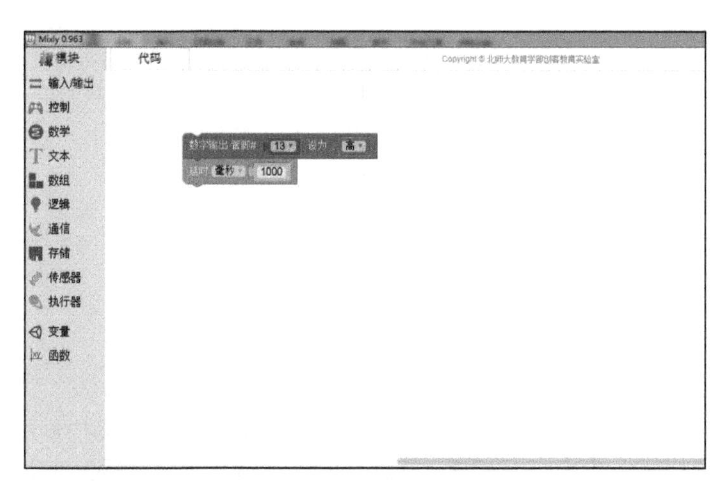

图 2.10　连接延时模块

（3）再添加一个数字输出模块和延时模块。第二个数字输出模块中除了要指定控制管脚，还要将管脚的状态设为“低”，如图2.11所示。这样，经典的Blink程序就完成了。因为控制板会重复执行这段代码，所以就能在控制板上看到板载的LED不停地亮灭交替，形成闪烁的效果。

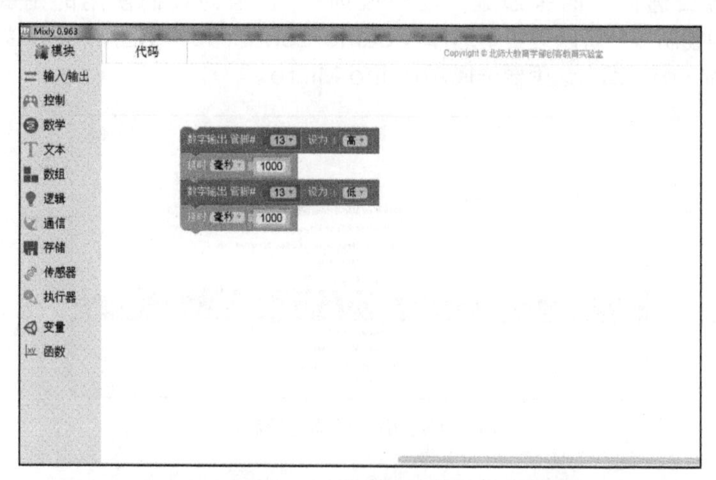

图 2.11　再添加一个数字输出模块和延时模块

（4）将程序下载到控制板中。通过USB线将Arduino连接到计算机上，此时你会在“连接端口选择”中看到相应的串口号，在Windows中，端口号是字母“COM”加上一个数字。如果你的计算机上同时连接了多个串口设备，要确定一下哪个端口号是你所连接的Arduino设备。界面中的显示效果如图2.12所示。

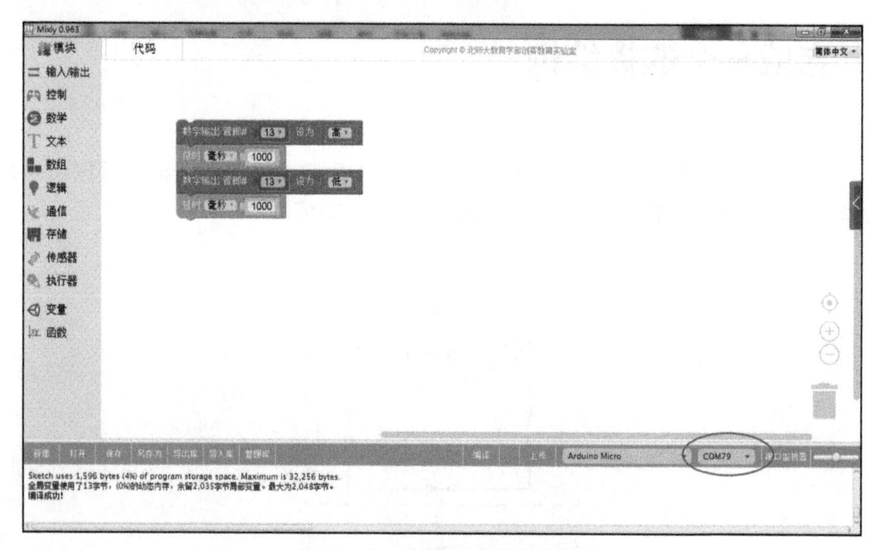

图 2.12　确认正确的端口号

说明： 安装Arduino控制板驱动程序的问题不在本书中阐述，读者如果遇到无法安装驱动程序或驱动程序安装出错的问题，可查阅相关资料。

“连接端口选择”的旁边是“控制板选择”，因为我们使用的是基于Arduino Leonardo的控制板，所以这里要选择Arduino Leonardo（见图2.13）。如果你使用的是Arduino Micro，那么这里要选择Arduino Micro。

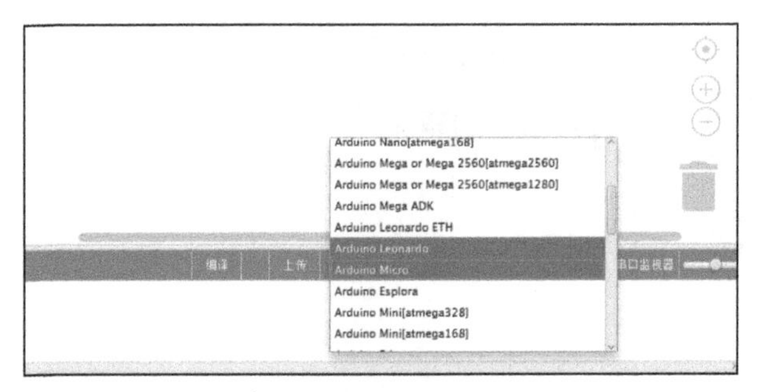

图 2.13 确认正确的控制板

确定了连接端口和控制板之后，单击“上传”按钮等待程序上传。

程序编译、上传需要花费一段时间，当提示区显示“上传成功”之后，我们就能看到L灯开始不停地闪烁，这就表明我们成功地利用Mixly完成了第一个程序——一个简单的顺序结构程序。

说明： 本书之后的内容对于程序编译、上传的过程就不单独描述了。

2.4 完成一个选择结构

2.4.1 功能说明

图2.14的虚线框内所示是一个选择结构。此结构中包含一个判断框，根据条件是否成立而选择执行A还是B，执行完成后，经过b点脱离选择结构。

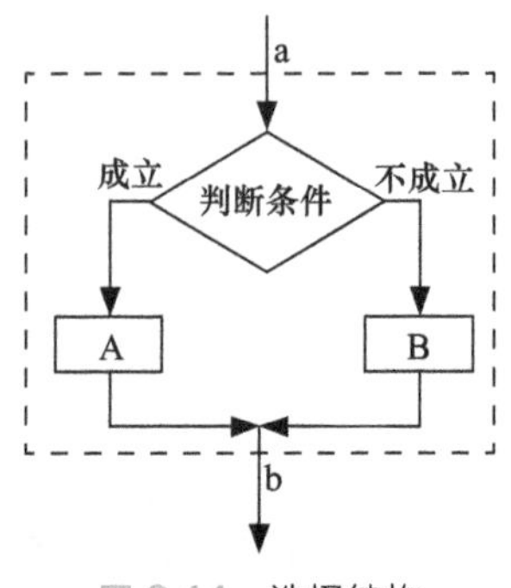

图 2.14 选择结构

本节要实现的功能是通过一个旋钮电位器来控制板载的LED是否点亮。旋钮电位器是一种阻值在一定范围内可调的电阻，在电路中通过调整电阻能够实现调整电压的目的。而Arduino的模拟输入管脚能够检测到电压的变化，所以我们就通过模拟输入模块和选择结构模块来实现这个功能。

2.4.2　硬件连接

将旋钮电位器的中间引脚连接到一个模拟输入管脚上，用Arduino获取旋钮电位器该引脚的电压值，并据此控制LED的亮灭。所需材料清单如下。

- ☐ Dreamer Nano，1个
- ☐ 面包板，1块
- ☐ 旋钮电位器，1个
- ☐ 面包线，若干

在Fritzing软件中完成硬件的搭建，这里我们使用A0口获取电压值。连接示意图如图2.15所示。

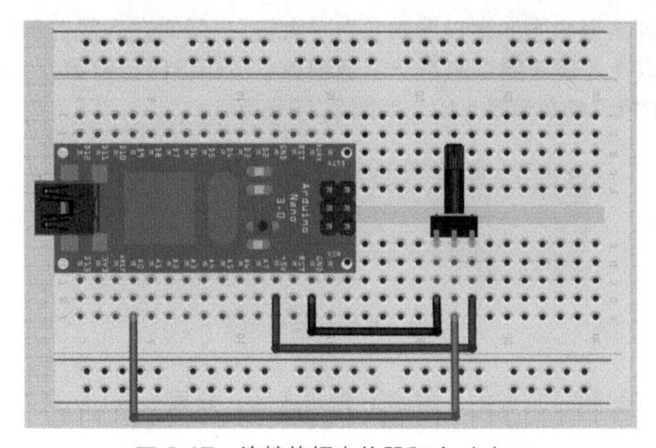

图 2.15　连接旋钮电位器和 Arduino

2.4.3　程序实现

在2.1节中，我们使用选择结构模块作为示例说明，这里的操作方法类似，只是选择结构模块内的程序块执行的条件变为了判断模拟输入的电压，而模块内的程序块变为了数字输出模块。具体的步骤如下。

（1）拖曳“控制”分类中的选择结构模块以及“输入/输出”分类中的数字输出模块，将数字输出模块放入选择结构模块内，并改变数字输出模块中的管脚，如图2.16所示。

图 2.16　将数字输出模块放入选择结构模块内

（2）因为程序中需要判断模拟输入管脚上的电压，所以这里需要增加一个“逻辑”分类中的比较判断模块。该模块接在选择结构模块上的拼图样式的接口中，同时在里面添加一个模拟输入模块，如图2.17所示。

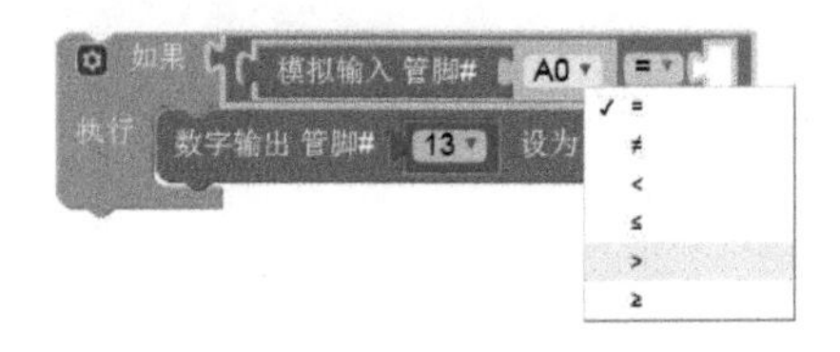

图 2.17　添加选择结构执行模块中的条件

（3）将比较判断模块中的比较形式变为“大于”，同时在后面的参数框中加入一个数值模块。因为模拟输入模块提供的是一个范围在0~1023的正整数，这里取一个中间值，所以在数值模块中填入的数值是512，如图2.18所示。

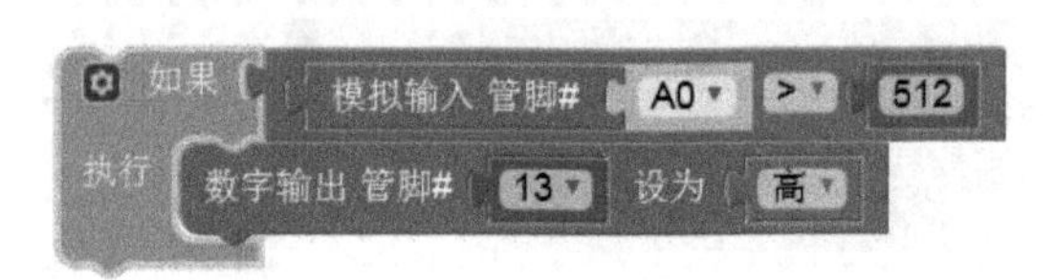

图 2.18　判断条件为大于 512

（4）将程序下载到控制板中。程序下载完成后，如果板载LED没有亮，那么旋转旋钮就能点亮LED。

2.4.4　旋钮控制LED亮灭

当我们动手操作上一节实现的功能时可能会发现一个问题：板载的这个LED只能由灭变亮，却不能由亮变灭。这是因为上面的程序只是判断当A0口的电压高于一定值时让LED点亮，却没有实现熄灭LED的功能。

如果希望实现LED既能由灭变亮，又能由亮变灭的功能，就需要让程序知道什么时候熄灭LED。最简单的方式是再增加一段选择结构的程序块，在模拟输入的值小于512时，让数字输出变为低。完成后的程序如图2.19所示。

图 2.19　再增加一段选择结构的程序块

上传程序后，再调节旋钮，就能控制LED的亮灭了。

图2.19所示的程序虽然实现了我们预计的功能，但其实有点繁琐，因为这不是一个完整的选择结构。之前完成的选择结构只是在满足条件的情况下会执行一些操作，对照图2.14来说就是当条件成立时执行A，执行完成后，经过b点脱离选择结构；而如果条件不成立时，什么也不执行，相当于B是一个空操作，直接从b点离开选择结构。

如果把B的内容加上，那么通过一个选择结构就能完成我们预计的功能，就是当模拟输入的值大于512就让数字输出为高，否则就让数字输出为低。具体操作如下。

（1）删掉增加的第二个选择结构程序块，单击剩下的那个选择结构模块左上角的那个蓝色齿轮状的图标，会弹出一个模块的配置框，如图2.20所示。

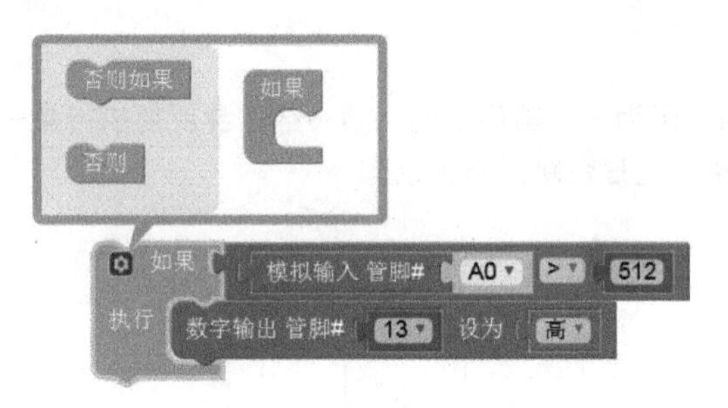

图 2.20　打开模块配置对话框

注： 左上角有蓝色齿轮状图标的模块都能进行配置。

（2）将配置框中左侧的“否则”拖到右侧的“如果”当中。此时你会发现选择结构模块的形状发生了变化，在整个模块下方多出了一个“否则”的结构，如图2.21所示。

（3）再次单击模块左上角的蓝色齿轮状图标关闭配置框，然后在否则结构中加入一个数字输出为低的模块，如图2.22所示。

（4）这样新的程序就构建完了，可以将其下载到控制板中看看效果。

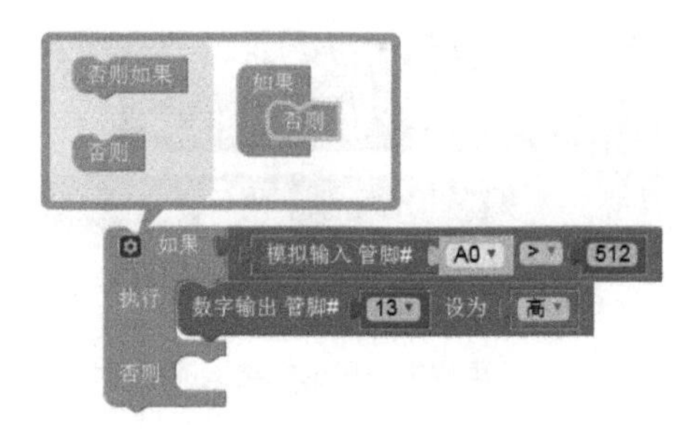

图 2.21　增加否则结构

图 2.22　完成后的程序块

2.5　完成一个循环结构

2.5.1　功能说明

图2.23虚线框内所示为一个循环结构。循环结构会反复执行某一部分操作，此结构中还会有一个判断框用来决定是否跳出循环结构。

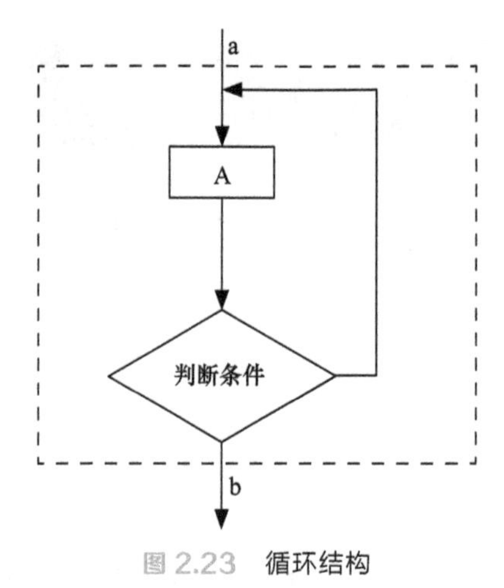

图 2.23　循环结构

常见的循环结构有两种，判断框成立则跳出循环的称为“当”型循环结构；判断框不成立则跳出循环的称为“直到”型循环结构。本节要实现的功能是让一个RGB全彩LED显示各种颜色。

全彩LED基于三原色的原理，将红（R）、绿（G）、蓝（B）3种颜色集成在一起，通过调整每种颜色的亮度，最终实现多种颜色的显示。单个颜色亮度的调节通过改变相应管脚的电压就能实现，所以本节将会使用模拟输出模块。由于模拟输出模块输出电压参数的范围是0~255，所以在控制板的控制下，3种颜色具有256级（0也算一级）灰度并可任意混合，即可产生256×256×256=16777216种颜色。

2.5.2　硬件连接

全彩LED可以理解成是将3个单色发光二极管的阴极连接在一起作为公共引脚（最长的一个引脚），另外3个引脚分别用来控制各自的颜色，一般引脚的排列顺序为R（红色）、COM（公共引脚）、G（绿色）、B（蓝色）。硬件连接如图2.24所示。所需材料清单如下。

- ☐ Dreamer Nano，1个
- ☐ 面包板，1块
- ☐ 330Ω 电阻，3个
- ☐ 全彩LED，1个
- ☐ 面包线，若干

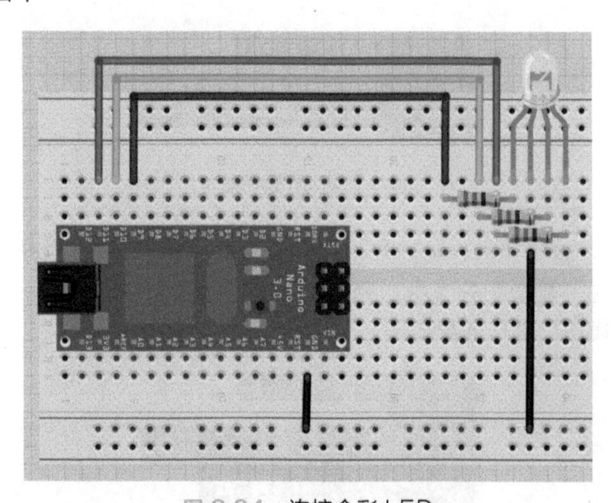

图 2.24　连接全彩 LED

由于控制全彩LED要使用具有模拟输出功能的引脚，所以我们选择了管脚9、10、11。这3个管脚分别通过330Ω 的电阻连接到全彩LED的R、G、B这3个控制引脚，公共引脚COM接地。

2.5.3 单个LED亮度渐变

程序方面，我们先来实现红光的调节，让全彩LED发出红光，逐渐变亮。这里要使用循环结构模块，具体步骤如下。

（1）拖曳“控制”分类中的循环结构模块以及“输入/输出”分类中的模拟输出模块，将模拟输出模块放入循环结构模块内，并改变模拟输出模块中的管脚，如图2.25所示，这里先来控制连接R的管脚9。

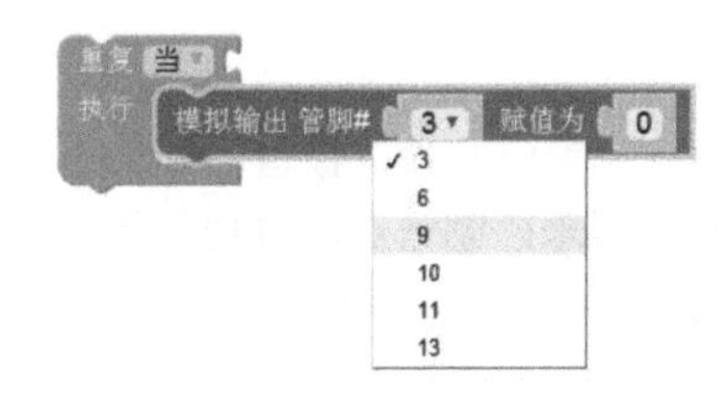

图 2.25　将模拟输出模块放入循环结构模块内

（2）因为本节需要改变模拟输出模块中的第二个参数来控制LED的亮度，所以我们要定义一个变量x。将“变量”分类中的声明变量模块拖曳到程序构建区，放在循环结构模块的上面，同时将变量赋值为0，再拖曳一个变量x放在模拟输出模块中的第二个参数中，如图2.26所示。

图 2.26　声明变量 x

（3）拖曳赋值变量模块放在模拟输出模块之后，这里需要在每次循环中都让变量x加1，加法运算模块在“数学”分类中。另外，为了让每次的变化保持一段时间，所以添加了一个延时1秒的模块。操作效果如图2.27所示。

图 2.27　变量每次循环加 1

（4）为循环结构模块添加条件，这里的条件是当x小于256时会一直循环，如图2.28所示。

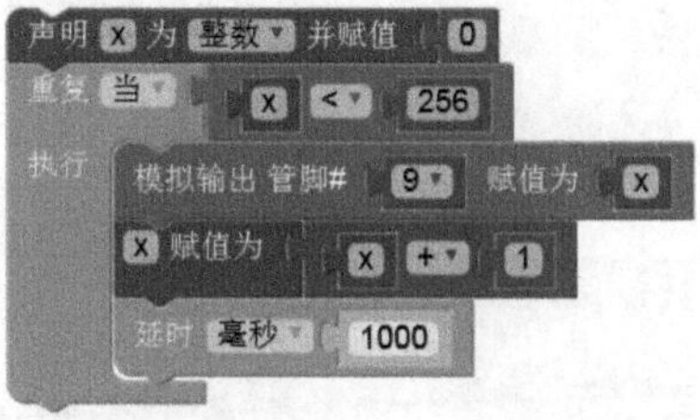

图2.28 为循环结构模块添加条件

（5）将程序下载到控制板中，观察一下全彩LED是不是逐渐点亮，发出红光的。

2.5.4 全彩LED颜色遍历

学会控制全彩LED的一种颜色后，本节就来实现显示所有的16777216种颜色的功能，这里要使用的技巧叫作循环的嵌套。首先，我们要在两种颜色亮度固定的情况下，让第三种颜色从最淡变到最强；然后调整一下前两个颜色的亮度，再让第三种颜色从最淡变到最强，不断往复，直到遍历了所有颜色。颜色变化的间隔时间为0.1秒。具体操作步骤如下。

（1）在上一节程序块的基础上进行一些修改。这里要声明3个变量，分别是x、y、z，对应的是颜色红、绿、蓝。另外，将x赋值放在变量声明和循环结构模块之间，同时去掉循环中的延时模块。操作效果如图2.29所示。

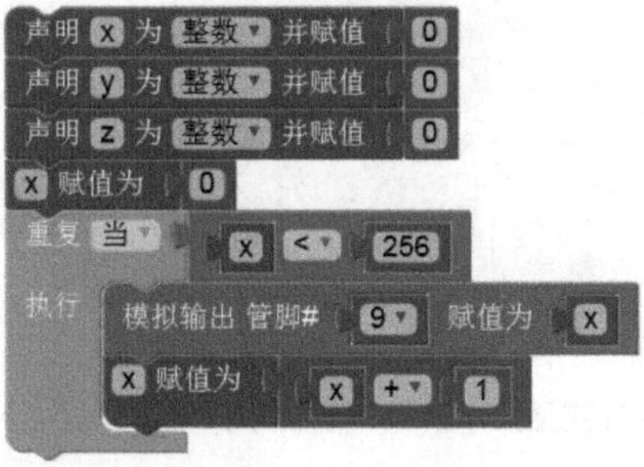

图2.29 修改上一节的程序块

（2）在程序构建区的其他位置再完成两个循环结构，其中的条件变量分别变为y和z，同时要将模拟输出的管脚分别变为10和11，如图2.30所示。

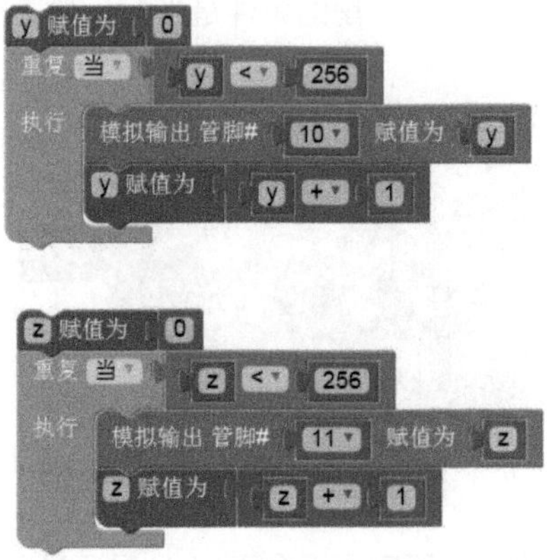

图 2.30 再完成两个循环结构

（3）将条件变量为y的循环结构（包含前面y的赋值）放在条件变量为x的循环结构中的最后，再将条件变量为z的循环结构（包含前面z的赋值）放在条件变量为y的循环结构中的最后，如图2.31和图2.32所示。

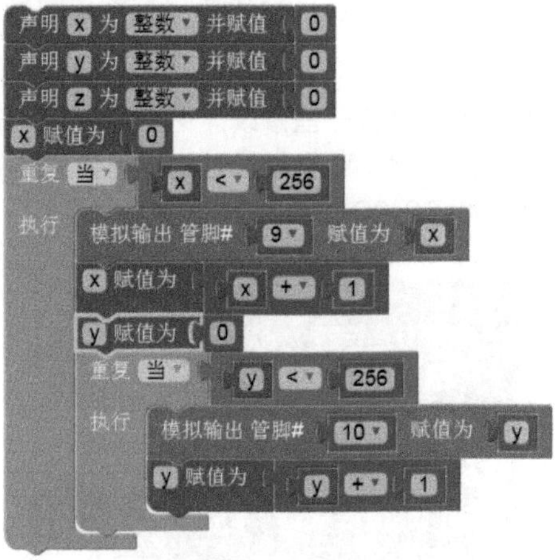

图 2.31 将条件变量为 y 的循环结构放在条件变量为 x 的循环结构中

（4）最后添加颜色变化的间隔时间，为0.1秒。在条件变量为z的循环结构最后添加一个延时模块，延时时间为100毫秒，如图2.33所示。程序块完成之后，将它下载到控制板中，这样遍历所有颜色的功能就完成了。

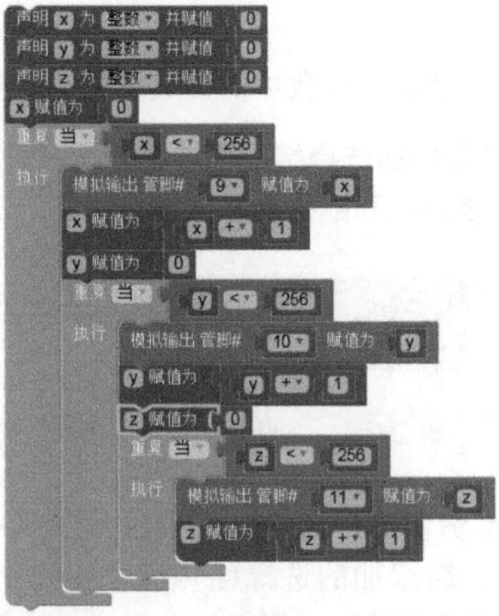

图 2.32 将条件变量为 z 的循环结构放在条件变量为 y 的循环结构中

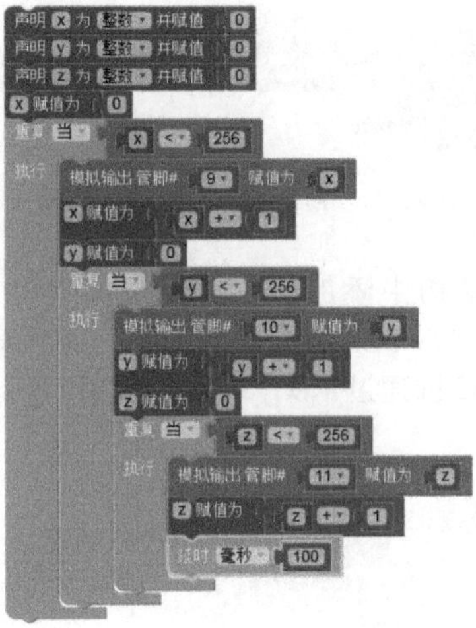

图 2.33 完成后的程序块

2.6 完成串口通信

2.6.1 功能说明

在本章的最后，我们来实现一个最基础的串口通信的例子，让Arduino与我们的PC进行通信（通过Mixly编程环境）。具体的功能是当收到软件发送的字符串“hello”之后，会自动回复一句“hello，chenille”。

2.6.2 程序实现

实现通信的功能需要用到“通信”分类中的模块，具体的步骤如下。

（1）拖曳一个“控制”分类中的选择结构模块和一个“通信”分类中的判断串口是否有数据的模块，完成一个判断是否收到数据的程序块，如图2.34所示。

图 2.34 判断是否收到数据

（2）再拖曳一个“控制”分类中的选择结构模块放在第一个选择结构模块之内，同时增加选择结构执行的条件，后添加的选择结构模块执行的条件是收到的字符串等于“hello”。读取收到的字符串这个模块在“通信”分类中，字符串“hello”的模块在“文本”分类中，而判断两者相等的模块在“逻辑”分类中。操作效果如图2.35所示。

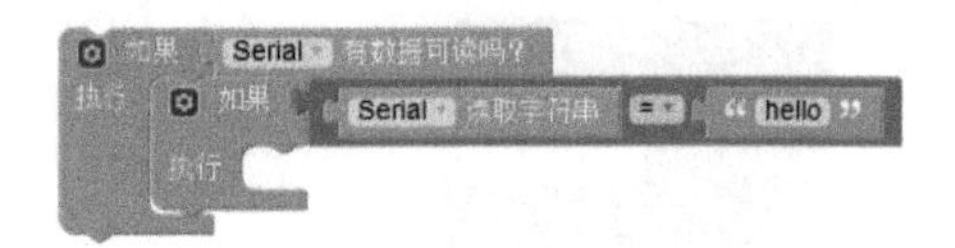

图 2.35 再添加一个选择结构模块

（3）在最里面的选择结构中添加一个串口输出（Serial打印）模块，输出内容为“hello chenille”。表示当Arduino收到“hello”字符串之后，会输出一句“hello chenille”给计算机，而计算机通过Mixly编程环境将字符串显示出来。操作效果如图2.36所示。

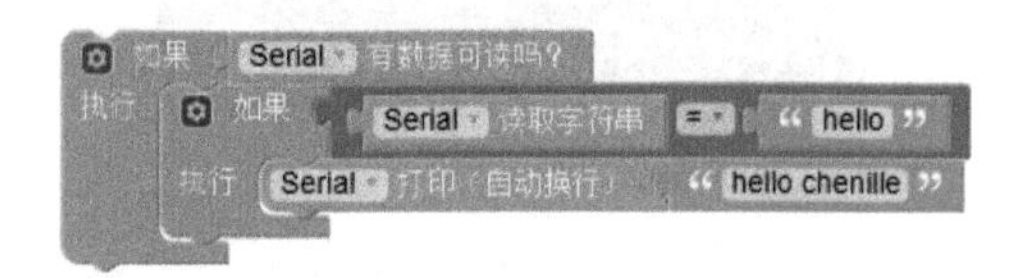

图 2.36 添加一个串口输出模块

（4）将程序下载到控制板中。

2.6.3 功能测试

这样，一个最基础的串口通信的例子就完成了，我们单击基本功能区右侧的“串口监视器”按钮，就会弹出一个如图2.37所示的窗口。

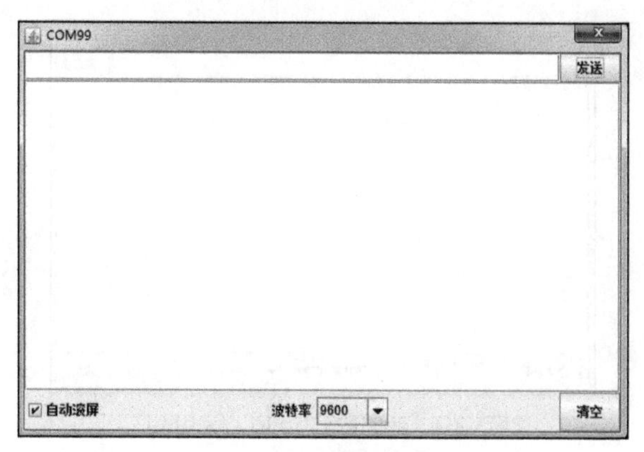

图 2.37 串口监视窗

这个窗口整体来说有两个文本框，一个位于上方，是一个窄长条的形状，右侧还有一个“发送”按钮，这是发送文本框；另一个是中间的一整块白色区域，这是接收文本框，计算机接收到的数据都会显示在这里。而在整个窗口的下方是一些功能选择，包括是否自动滚屏、设置波特率以及清空接收文本框。

这里为了验证刚才编写的程序是否正确，我们需要在发送文本框中输入字符串“hello”，如图2.38所示，然后单击“发送”按钮。

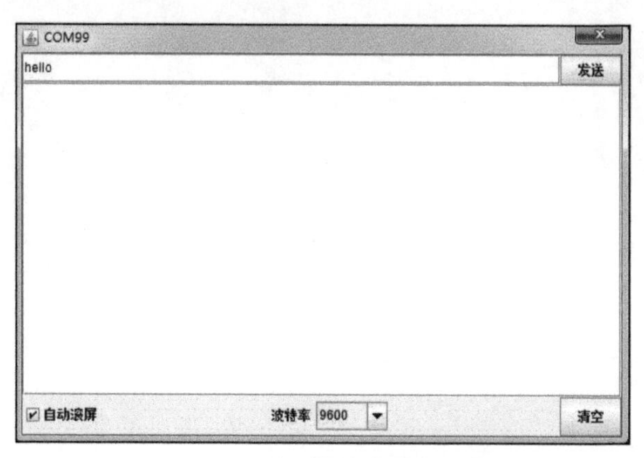

图 2.38 输入字符串“hello”

单击“发送”后，发送文本框中的字符串就会消失，然后在接收文本框中就会看到字符串“hello chenille”，这说明我们的程序运行正常，如图2.39所示。

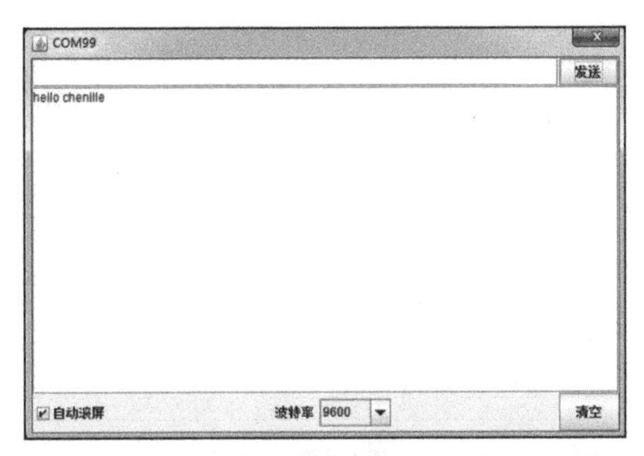

图 2.39　返回的“hello chenille”

通过以上的4个例子，我们基本掌握了Mixly的使用方法以及程序的基本结构，理论上，通过这几个基本结构可解决任何复杂的程序逻辑。在下一章中，我们会完成一个数码骰子的具体项目，在这个项目中我们还会介绍封装函数的内容。

第 3 章　数码骰子

3.1　数码管应用

3.1.1　数码管介绍

数码管是一个多LED的典型应用，该元件可以理解为7个条形LED排列成一个8字，外加一个LED作为小数点，使用时控制部分LED点亮、部分LED熄灭，就可显示0 ~ 9的数字。本书使用的数码管如图3.1所示。

图 3.1　数码管

一个数码管模块上有10个引脚，上下各5个。在数码管内部，把这8个LED极性相同的一端连接起来作为公共引脚。数码管上的10个引脚除了8个分别连接到每一个LED用于控制外，另外两个是连通的，作为公用引脚连接到8个LED的公共端。

3.1.2　数码管的引脚

根据公共引脚的极性不同，数码管分为共阳极数码管和共阴极数码管，两者的原理图如图3.2和图3.3所示。

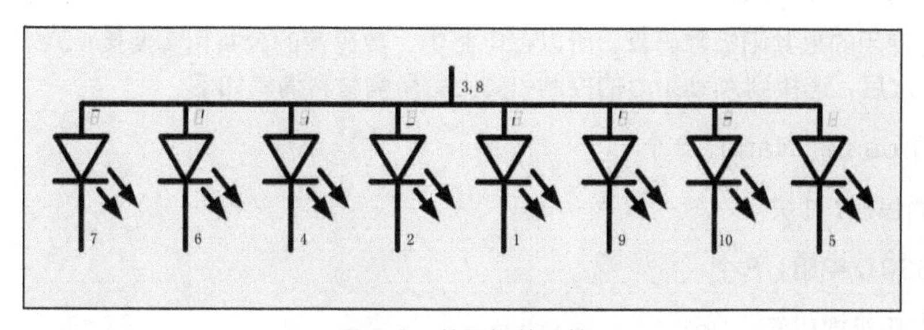

图 3.2　共阳极数码管

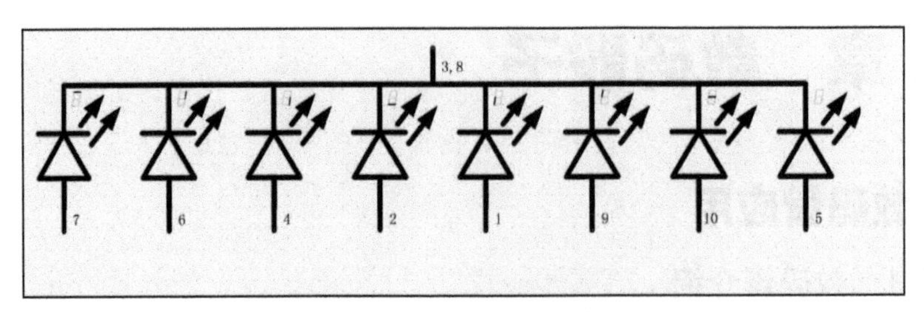

图 3.3　共阴极数码管

共阳极数码管的公共引脚要接高电平，而共阴极数码管的公共引脚要接GND。本书中使用的是共阳极数码管。

数码管中LED的位置与控制引脚的关系如图3.4所示。例如左上角的引脚控制8字中间的LED，而右下角的引脚控制数码管上的小数点。另外上下两端中间的引脚为公共引脚，两者相互连通。其实在图3.2中每个发光二极管的上方也有一个标识，说明了该LED在数码管上的位置。

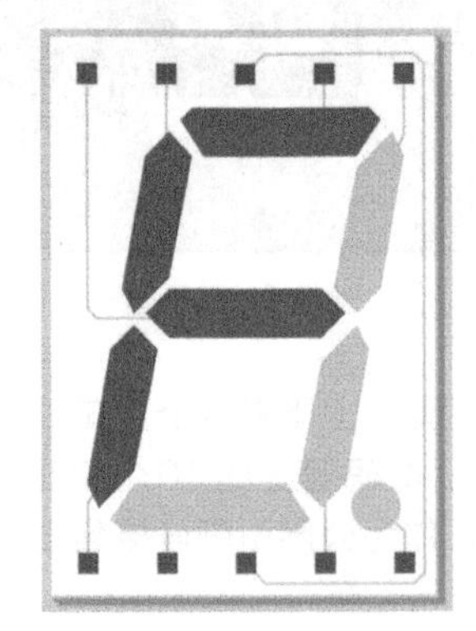

图 3.4　数码管中 LED 控制引脚

3.1.3　数码管的连接

因为使用的是共阳极数码管，所以在电路中，数码管的公共引脚要接+5V，其他引脚串联电阻之后，连接到Arduino的控制引脚上。所需材料清单如下。

- ☐ Dreamer Nano，1个
- ☐ 面包板，1块
- ☐ 330Ω 电阻，8个
- ☐ 共阳极数码管，1个

☐ 面包线，若干

我们在Fritzing软件中完成硬件的搭建，这里控制数码管使用的是Arduino的D2~D9口，控制关系如图3.5所示，实物图如图3.6所示。

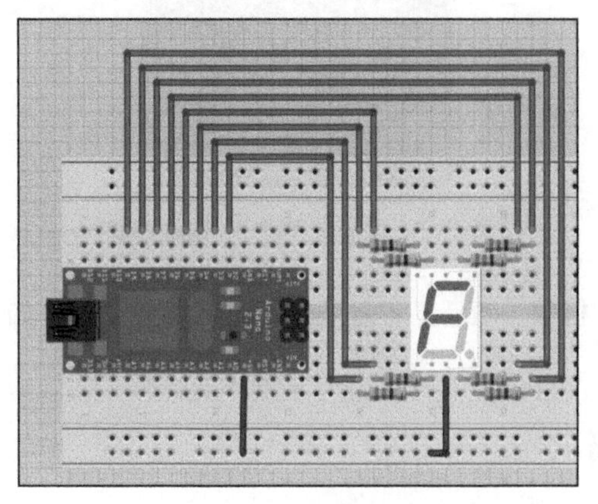

图3.5 数码管的连接

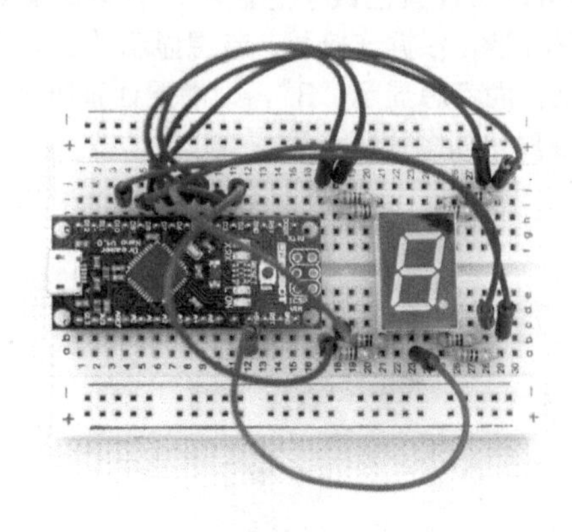

图3.6 数码管实物连接图

3.1.4 数码管显示数字

硬件连接完成后，我们就试着使用Arduino让数码管显示数字。

当Arduino的控制管脚为高时，数码管内LED两端电压相等，没有电流流过，LED不亮；反之，控制管脚为低时，LED点亮。现在若想显示“1”，则需要让最右侧竖着的两段数码管点亮，根据上面的连接图，则管脚7、8输出低，其余管脚输出高时。这里只需要使用“输入/输出”分类中的数字输出模块，完成后的程序块如图3.7所示。

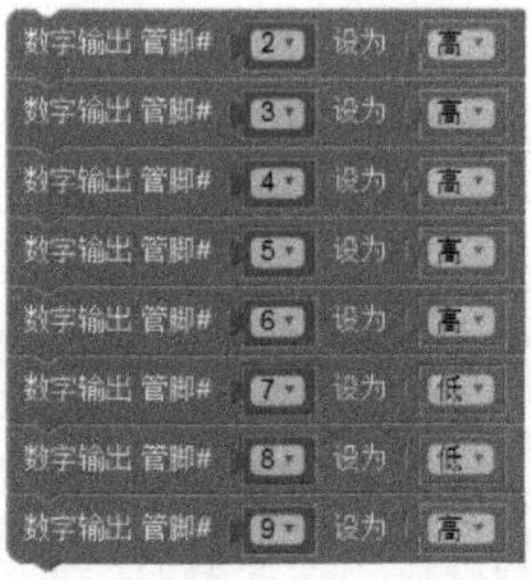

数字输出 管脚# 2 设为 高
数字输出 管脚# 3 设为 高
数字输出 管脚# 4 设为 高
数字输出 管脚# 5 设为 高
数字输出 管脚# 6 设为 高
数字输出 管脚# 7 设为 低
数字输出 管脚# 8 设为 低
数字输出 管脚# 9 设为 高

图 3.7　显示数字“1”的程序块

将程序下载到控制板中，看看是不是能正常显示数字“1”。如果显示有问题，仔细检查一下连线是否正确。

3.2　函数应用

3.2.1　3秒倒计时

以同样的方式，我们可以实现其他数字的显示，下面就来实现一个从3数到1的3秒倒计时的例子，每个数持续1秒。根据连接图，若想显示“2”，则需要让管脚2、3、4、6、7输出低，其余管脚输出高；而若想显示“3”，则需要让管脚3、4、6、7、8输出低，其余管脚输出高。完成后的程序块如图3.8所示。

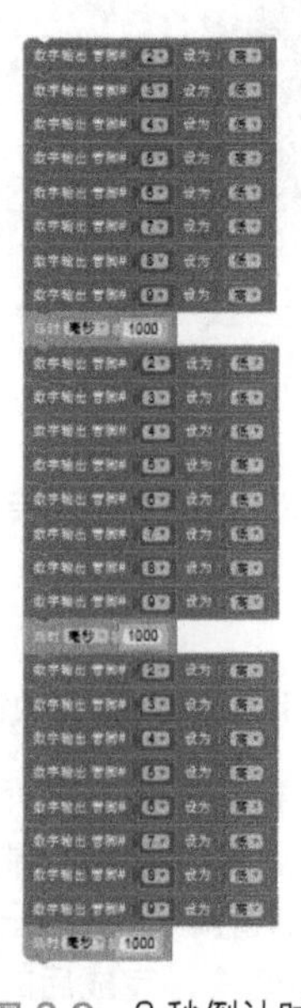

图 3.8　3 秒倒计时

3.2.2 定义函数

在3秒倒计时的例子中，你可能会发现一个问题：这个程序太长了，如果不缩小程序构建区，根本无法显示完全。但同时程序又没什么难度，就是简单的管脚数字输出而已。

此时利用函数的功能来缩短程序是一个不错的选择。在第一章中，我们简单介绍过函数的使用。这里我们对3秒倒计时的例子做一点改动，具体步骤如下。

（1）拖曳“函数”分类中的第一个模块放在程序构建区，并将其命名为show1，如图3.9所示。

图3.9 新建函数show1

（2）将显示数字“1”的整个程序块放到新建的函数中，如图3.10所示。

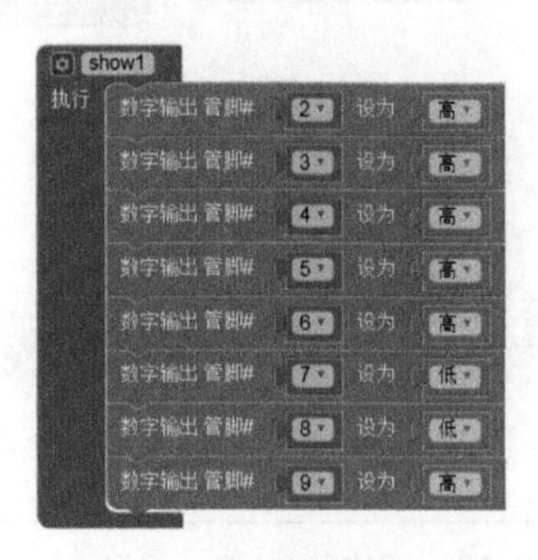

图3.10 完成函数show1

（3）此时，我们打开软件的“函数”分类，会发现其中多了一个“执行 show1”的模块，如图3.11所示，这个就是我们新建的函数。

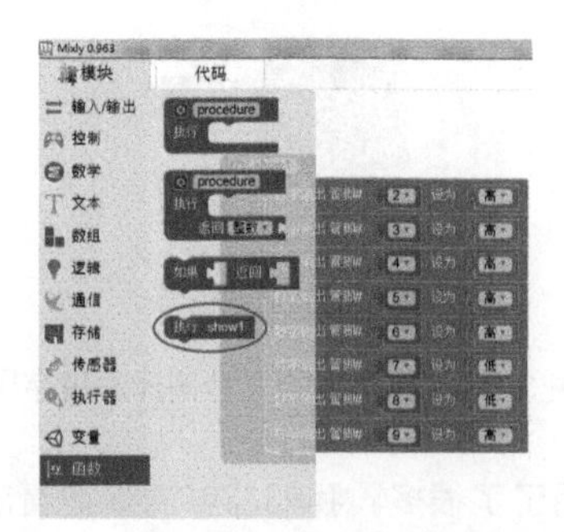

图3.11 新出现的“执行show1”函数

（4）按照同样的方式，我们创建函数show2和show3，其中分别包含显示数字“2”和“3”的整个程序块。然后打开软件的函数分类，看看这两个函数是不是都出现在这个分类中，如图3.12所示。

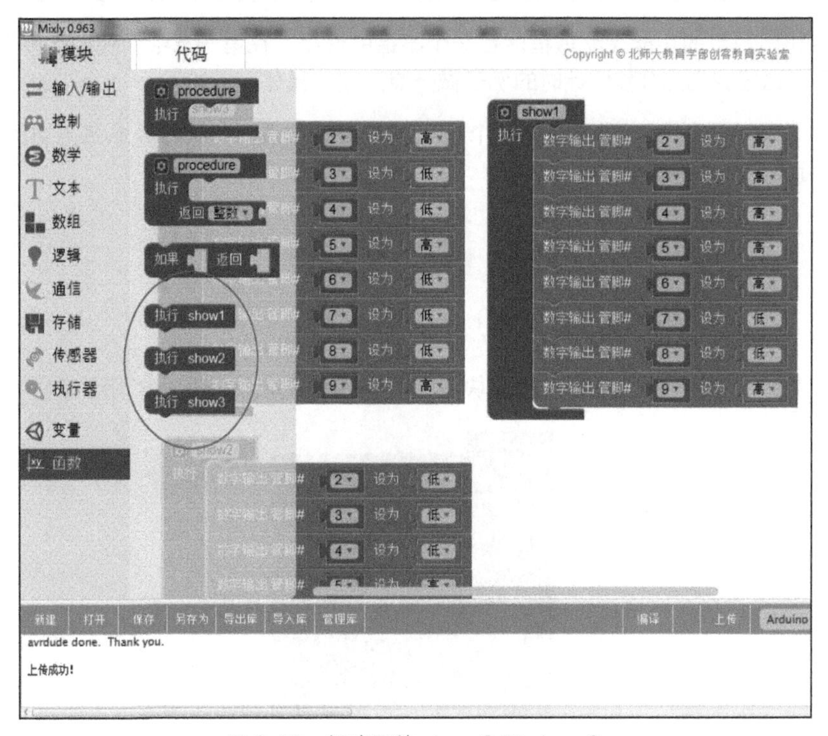

图 3.12　新建函数 show2 和 show3

（5）直接利用新建的3个函数完成3秒倒计时功能，按照顺序将show3、show2和show1拖曳到程序构建区，在每个模块之间添加一个延时模块。完成之后如图3.13所示。

图 3.13　简化后的 3 秒倒计时程序块

现在程序块是不是简单明了了很多？我们能够清晰地看出来程序块所完成的功能，而这主要是因为使用函数封装或组合了一部分程序块。

虽然主体程序块简化了不少，但其实软件整个的程序构建区还是有很多模块的，如图 3.14 所示。

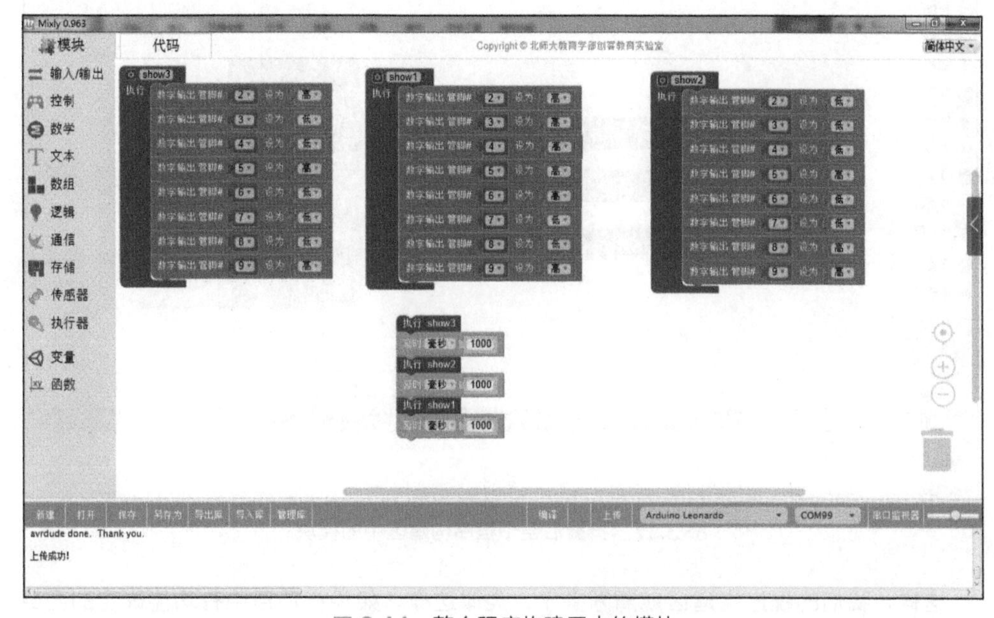

图 3.14　整个程序构建区中的模块

在 Mixly 中还有一个功能是能够将一个程序块折叠起来，减小它在程序构建区中所占用的空间。折叠程序块需要右键单击最外围的模块，如图 3.15 所示。

图 3.15　右键单击最外围的模块

接着选择“折叠块”，整个程序块就会变成很窄的一条模块，如图 3.16 所示。

show3 执行 数字输出 管脚# 2 设为 高

图 3.16　折叠后的程序块

按照同样方式将 show2 和 show1 也折叠起来，完成后，整个程序构建区如图 3.17 所示。

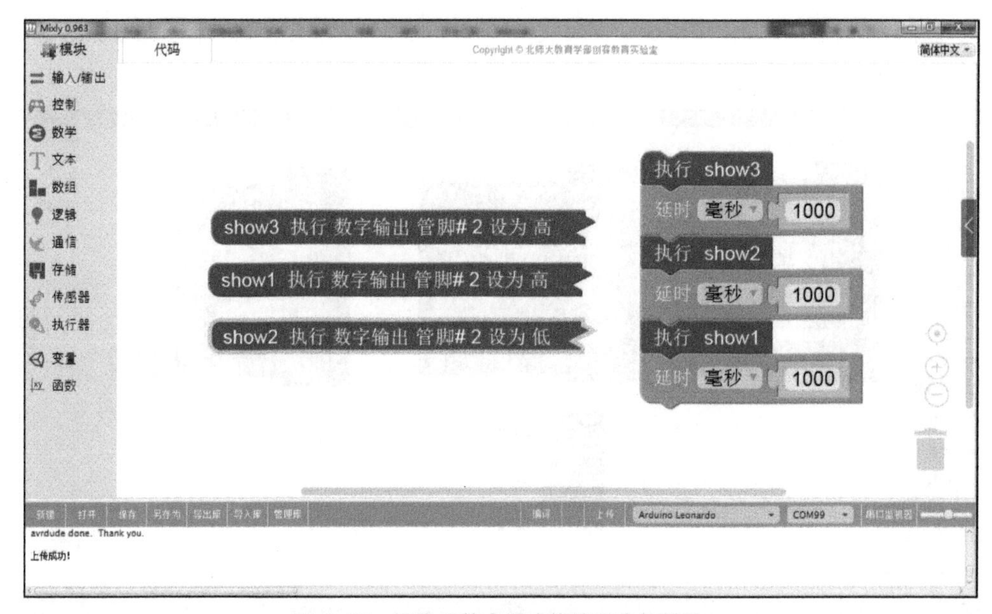

图 3.17　折叠后整个程序构建区中的模块

这样，我们的程序构建区就清晰多了，类似这样，如果在项目中有功能确定的函数，都可以直接折叠起来，放在程序构建区的边沿，避免影响对程序块的理解。

说明： 如果想把程序块展开，同样右键单击模块，选择“展开块”即可。

3.2.3　导出库

Mixly还有一个重要的功能是支持用户自定义库。

比如上一节中定义的3个函数，有了它们，如果我们要在程序中实现显示数字“1”、“2”或“3”的功能，只需要选择“函数”分类，然后将相应的函数模块拖曳到程序构建区即可。这样大大加快了我们完成功能程序块的速度。

不过这几个函数只能在本项目中使用，如果新建一个项目，我们还需要重新实现一遍相应的功能函数。对于这样的情况，我们可以使用自定义的库来解决。利用库，我们能够将这个项目中的函数直接应用到另外一个项目中。

自定义库的操作要选择基本功能区中的“导出库”，单击这个按钮之后，会弹出一个保存文件的对话框，如图3.18所示。为这个自定义的库文件取个名字，并选择保存的位置之后，单击“保存”按钮，当前的这个项目就作为库保存了下来。这里，我将库文件取名为“数码管”。

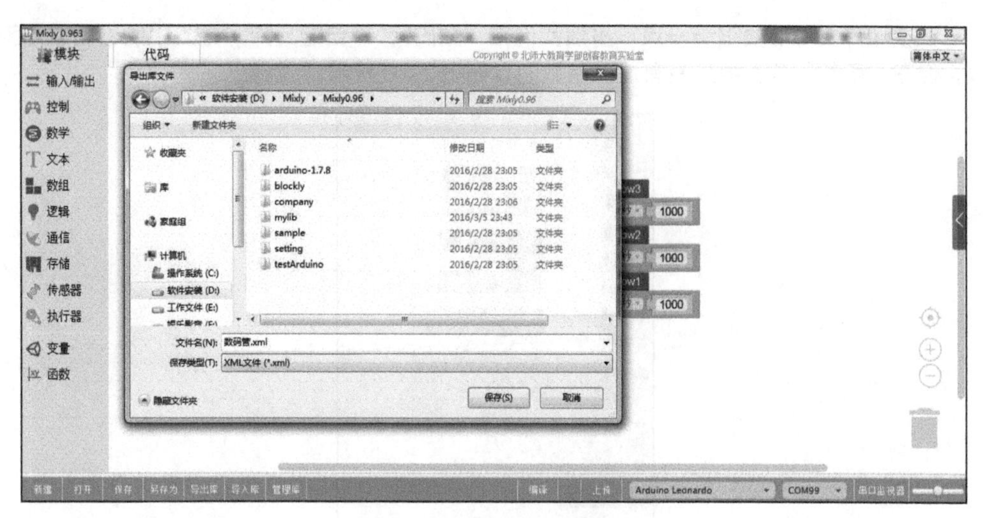

图 3.18　导出库的对话框

接着单击基本功能区的“导入库”按钮，选择库文件的保存位置，找到刚刚保存的库文件，单击“打开”按钮将这个库文件导入软件当中。导入完成后，会在模块区的最下方看到一个名为“数码管”的分类，如图3.19所示。

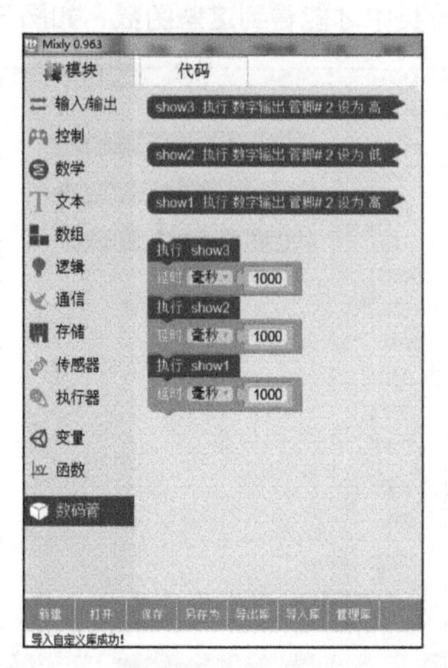

图 3.19　导入库

单击“数码管”分类，我们就能看到之前完成的几个函数，甚至包括那个3秒倒计时的示例。

在使用库文件时要强调一点，虽然我们在“数码管”（自定义库）分类中能看到这些函数，但在“函数”分类中是没有这些函数的，如图3.20所示。

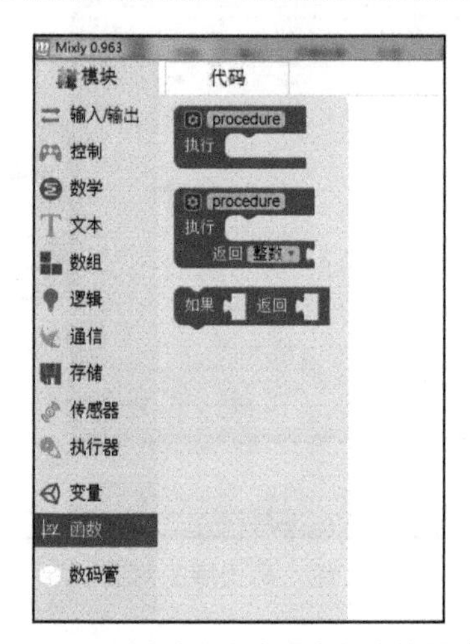

图 3.20　函数分类中没有相应的函数

如果要使用这些函数，还是需要先将自定义库中的程序块拖曳到程序构建区，如图3.21所示。这样在“函数”分类中才能看到这些函数，如图3.22所示。

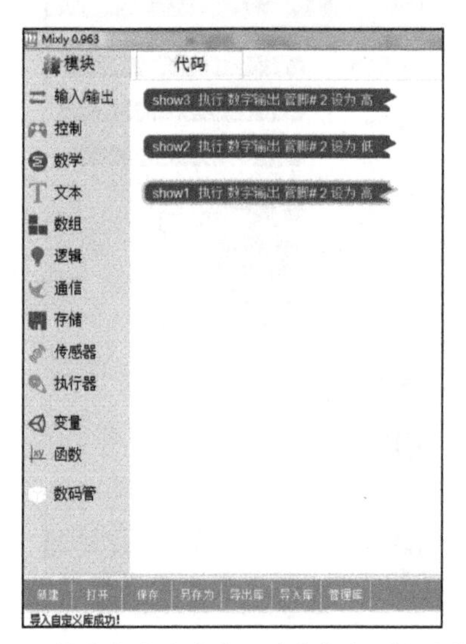

图 3.21　将自定义库中的程序块拖曳到程序构建区

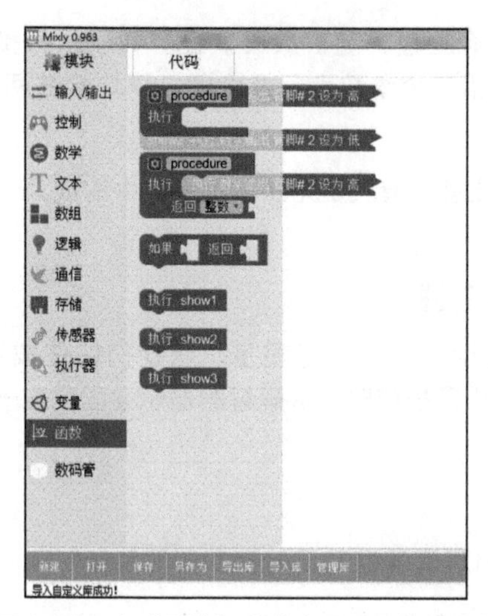

图 3.22　在“函数”分类中看到了新的函数

3.3　交互功能

掌握了数码管的使用方法之后，我们来完成一个数码骰子的小项目。数码骰子的项目中需要用到随机数的概念。

3.3.1　随机数

随机数是相互之间没有关联，随机产生的一些数据。在统计学的不同技术中需要使用随机数，比如在从统计总体中抽取有代表性的样本时，或者在将实验动物分配到不同的试验组的过程中等。产生随机数的方法被称为随机数发生器。随机数最重要的特性是：它所产生的后面那个数与前面那个数毫无关系。

真正的随机数是使用物理现象产生的，比如掷钱币、投骰子、转轮盘、使用电子元器件的噪声、使用核裂变时间等。这样的随机数发生器叫作物理性随机数发生器，它们的缺点是操作上较为繁琐，产生的随机数无法直接带到计算机运算中，所以人们通常直接利用计算机、数字芯片来产生随机数。

因为在计算机、单片机（含 Arduino）领域的运算具有确定性特征，即如果处理同样的问题，则始终得到相同的答案，所以这种随机数发生器叫作伪随机数发生器。这些看起来“似乎”随机的数，实际上是通过一个固定的、可以重复的计算方法产生的。计算机或单片机产生的随机数有很长的周期性，它们不真正地随机，因为它们实际上是可以计算出来的，但是它们具有类似于随机数的统计特征。在实际应用中，使用伪随机数（本书之后直接称为随机数）通常就足够了。

在第一章中我们已经介绍过，随机数模块在“数学”分类中，该模块有两个参数：第一个参数表示最小值，第二个参数表示最大值，模块会在两个参数的范围内生成一个随机数。

使用随机数模块时要注意，模块是无法得到参数中的最大值的，最大只能得到参数的最大值减1。

3.3.2 骰子功能描述

数码骰子的功能是利用数码管进行显示，当我们按住按钮时，数码管会随机闪动“1 ~ 6”的数字，当我们松开按钮时，数码管的显示会固定在一个具体的数值上，该数值就是产生的随机数。

3.3.3 硬件连接

制作数码管骰子所需材料清单如下。

- ☐ Dreamer Nano，1个
- ☐ 面包板，1块
- ☐ 330Ω 电阻，8个
- ☐ 共阳极数码管，1个
- ☐ 按钮，1个
- ☐ 面包线，若干

硬件连接如图3.23所示。

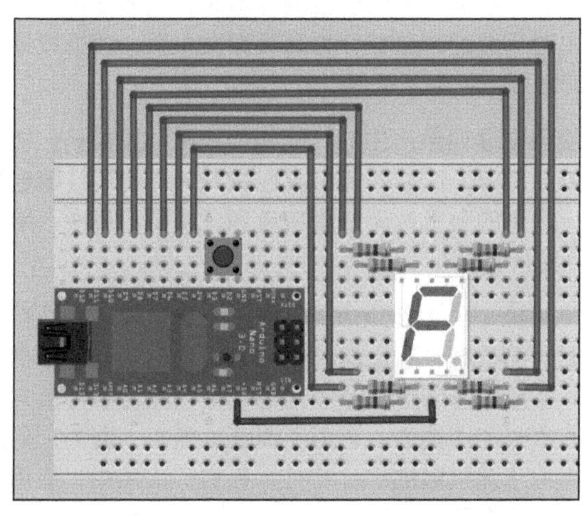

图 3.23　数码管骰子硬件连接示意图

由连接示意图能够看出，按钮使用了Dreamer Nano的D3口，7段数码管占用了D4 ~ D11口，其中D4口用于数码管的左下段LED，D5口用于数码管的下段LED，D6口用于数码管的中段LED，D7口用于数码管的左上段LED，D8口用于数码管的上段LED，D9口用于数码管的右上段LED，D10口用于数码管的右下段LED，D11口用于数码管中的小数点。因为在显示数字时不会用到小数点，所以D11口也可以不接。最终用面包板连接完成后的效果如图3.24所示。

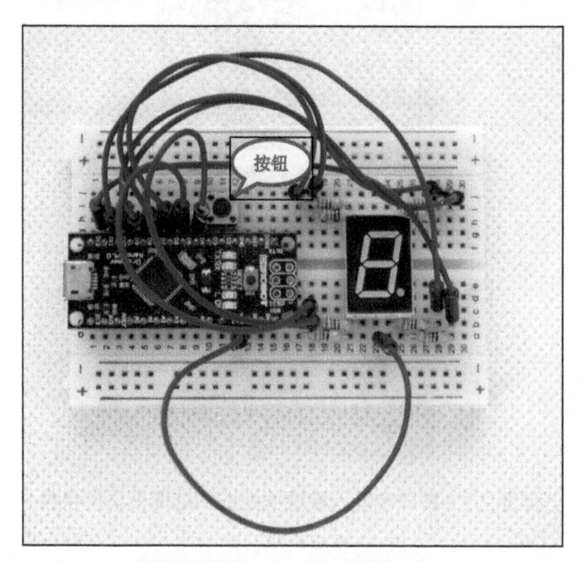

图 3.24 完成后的数码管骰子

3.3.4 程序实现

因为添加了按钮钮之后，我们改变了连接数码管的管脚，所以首先需要调整一下库中的函数，调整的内容这里就不详细介绍了，最终的目的就是定义6个函数，并且让管脚与函数对应起来，这 6 个函数分别是show1、show2、show3、show4、show5和show6，功能是显示数字1、2、3、4、5和6。操作效果如图3.25所示。

完成6个函数的定义之后，下面我们来构建程序的主体，具体步骤如下。

（1）拖曳“控制”分类中的选择结构模块以及“输入/输出”分类中的数字输入模块到程序构建区，将数字输入模块作为选择结构模块的条件，同时将数字输入管脚设定为3，如图3.26所示。

图 3.25　定义 6 个函数

图 3.26　将数字输入模块作为选择结构模块的条件

（2）在选择结构模块中增加随机数功能，这里要注意随机数模块是无法得到参数中的最大值的，最大只能得到参数的最大值减 1，所以随机数模块的两个参数是 1 和 7。产生的随机数赋值给变量 item，如图 3.27 所示。

图 3.27　增加随机数功能

（3）产生随机数后就可以按照这个随机数设定数码管显示的数字了。这里要再次用到多个选择结构模块，如图 3.28 所示。

（4）将程序下载到控制板中之后，数码管上显示的数字就会不断地变化，而当我们按住按钮时，数码管显示的数字会停留在一个 1~6 当中的一个上。这与我们的预期好像不太一样，我们希望按住按钮时，数码管随机显示数字；而松开按钮时，数码管的显示停留在一个随机的数字上。这就需要我们调整一下最外面的选择结构模块的条件，整个条件增加一个非操作，如图 3.29 所示。

（5）再次将程序下载到控制板中，这次实现的功能应该就和我们预期的一样了。

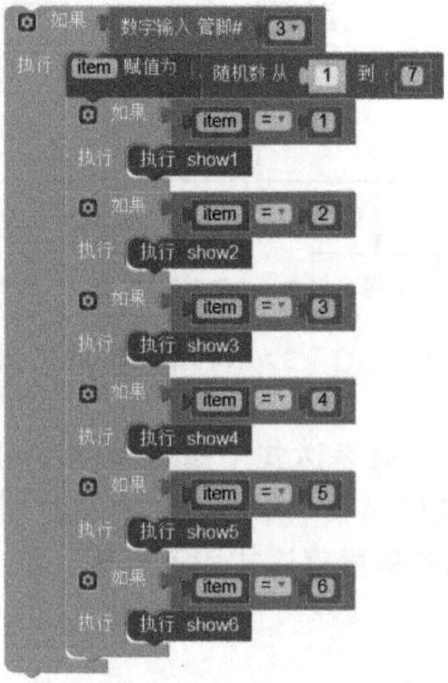

图 3.28 按照随机数设定数码管显示的数字

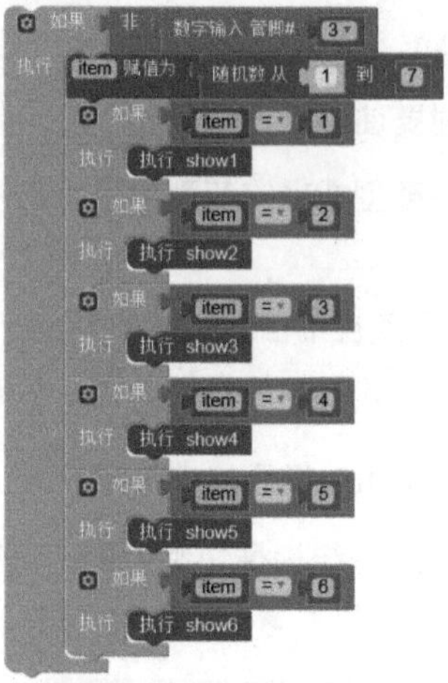

图 3.29 选择结构模块的条件增加一个非操作

3.3.5 switch 模块

在上一节的示例中，我们判断变量 item 的值使用了多个选择结构模块，这样固然也能实现预期的功能，但其实还有一个更适合这种情况的模块可以使用，这就是 switch 模块。Switch 模块可实现多分支的选择结构，在这种情况下，判断条件表达式的值是由几段组成或不是一个连续的值，每一段或每一个值对应一段分支程序。

Switch结构的流程图如图3.30所示。

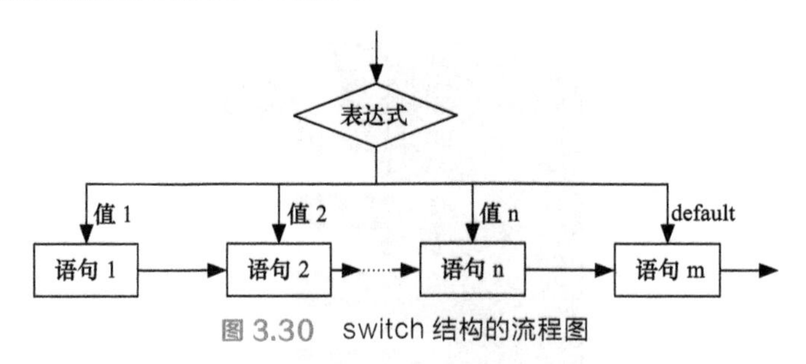

图 3.30 switch 结构的流程图

Switch模块的功能描述：计算表达式（模块条件）的值，并逐个与其后的常量表达式的值进行比较。当模块条件的值与某个常量表达式的值相等时，即执行其中包含的语句；如模块条件的值与所有case后的常量表达式均不相等，则执行default中的语句。

说明： Switch模块相对于switch语句做了一些优化。在Switch语句中，当模块条件的值与某个常量表达式的值相等时，在执行其中包含的语句之后会不再进行判断，继续执行后面所有case后的语句。而如果不想继续执行后面所有case后的语句，则要在语句后面加上break，用以跳出switch结构。但是在switch模块中，每个case中都默认包含了break语句，所以当模块条件的值与某个常量表达式的值相等时，只会执行其中包含的语句。

另外，在使用switch语句时要注意以下问题。

- □ 表达式的计算结果必须是整型或者字符型，也就是常量表达式1 ~ 常量表达式n必须是整型或字符型常量。
- □ 每个case的常量表达式必须互不相同，但各个case出现的次序没有顺序。
- □ Default不是必须的。

将上一节中的程序块替换为switch模块的步骤如下。

（1）将随机数产生后所有的选择结构模块都删掉，同时拖曳一个switch模块放在随机数模块之后，如图3.31所示。

图 3.31 增加 switch 模块

（2）单击switch模块左侧的蓝色齿轮状图标打开模块配置框，如图3.32所示。

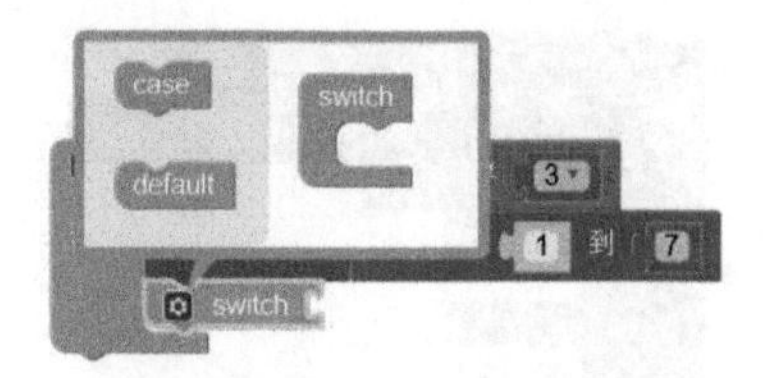

图3.32 打开模块配置框

（3）弹出的配置框中左侧有case和default两个可选模块，这两个可选模块可以放在右侧的switch模块内部。其中case模块可以放置多个，而default模块只能放置一个。这里因为会产生6个随机数，所以我们放置6个case模块在switch模块内部，如图3.33所示。

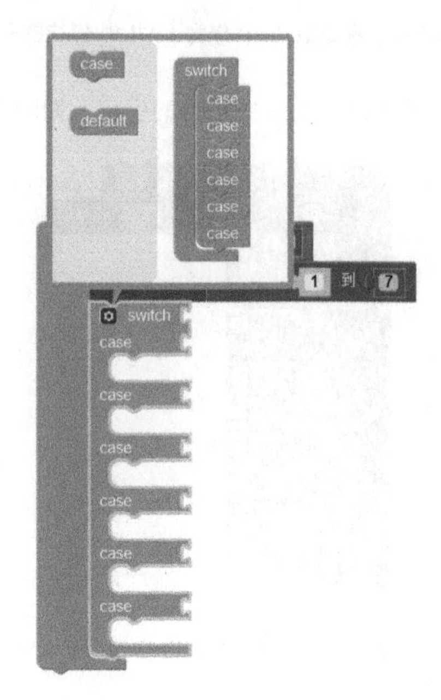

图3.33 在switch模块内放置6个case模块

（4）单击switch模块左侧的蓝色齿轮状图标关闭模块配置框，同时将变量item作为switch模块的条件，如图3.34所示。

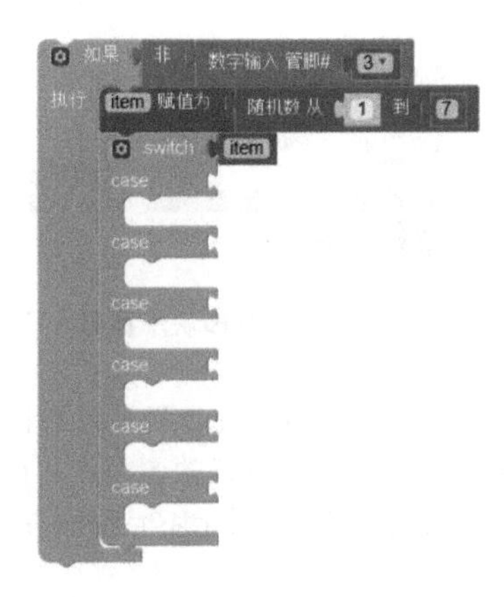

图 3.34　将变量 item 作为 switch 模块的条件

（5）补充case后面的条件以及case中包含的模块，如图3.35所示。

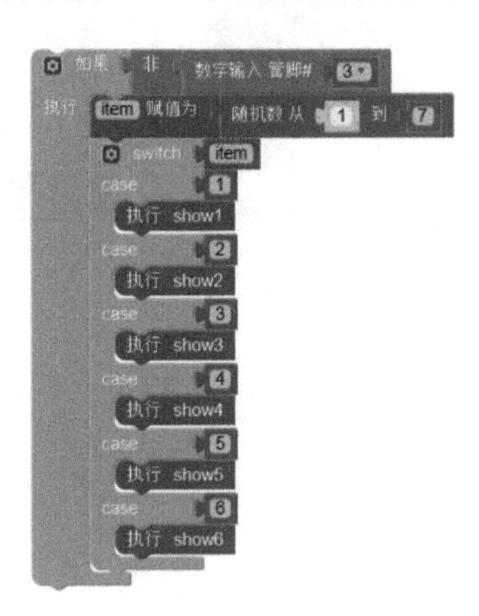

图 3.35　补充 case 后面的条件以及 case 中包含的模块

（6）将程序下载到控制板中，试试效果是不是一样。

3.3.6　倾斜开关

倾斜开关又叫碰珠开关、滚珠开关、角度传感器等，它主要利用滚珠在元件内随角度不同引起位置变化，达到触发电路的目的，电路原理类似于按钮。

目前倾斜开关常用的型号有SW-220D、SW-460、SW-300DA等，本书中使用的是SW-200D，如图3.36所示。这类开关功能上类似传统的水银开关，但它没有环保及安全问题。

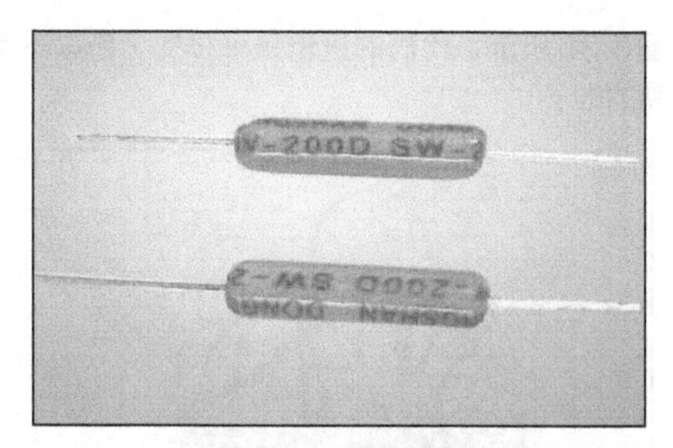

图 3.36　倾斜开关

3.3.7　摇晃的骰子

仔细观察倾斜开关，我们可以发现其一端为金色导针，另一端为银色导针。金色一端为导通端，银色一端为开路端，当元件受到外力摇晃而达到适当晃动或金色一端角度低于银色一端时两个引脚导通，类似按钮被按下；而当元件静止且银色一端低于金色一端，角度值大于 10° 时，两个引脚断开，类似按钮松开。

我们就利用这个特性将数码管骰子改造成摇晃骰子，这样就不需要通过按钮来触发Arduino产生随机数，而只需要摇晃骰子，就能产生一个随机数并显示在数码管上。如此就更像一个真正的骰子了。

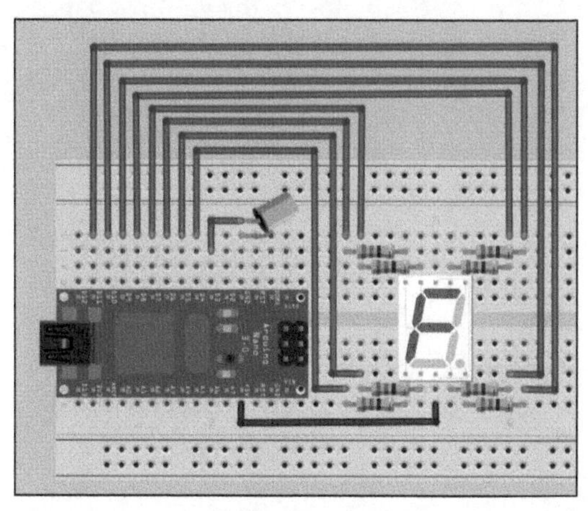

图 3.37　摇晃的骰子

如图 3.37 所示，将面包板上原来的按钮去掉，将倾斜开关连接到面包板上，因为原来按钮连接到 D3 和 GND 之间，所以倾斜开关依然连接到这两点，连接时要注意要保证倾斜开关在静止状态下为开路状态，以等效于按钮松开时的状态，所以要让银色一端朝下。连接了倾斜开关的实物如图3.38所示。代码的逻辑是一样的，所以不用修改代码，直接就可以感受一下升级后的摇晃的骰子。

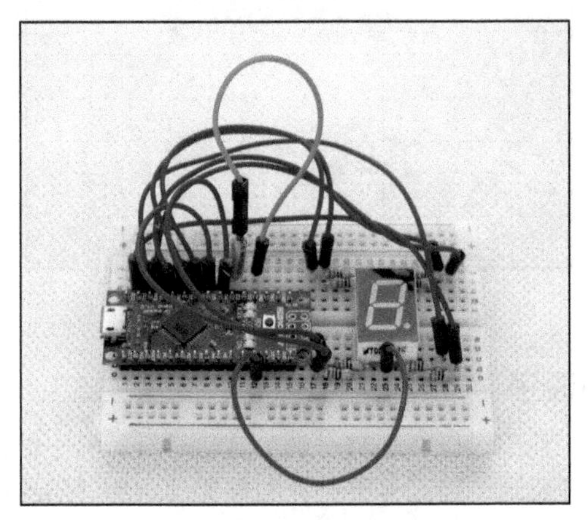

图 3.38　摇晃的骰子实物图

第 4 章　温度记录仪

4.1　温度传感器实例

4.1.1　器件介绍

温度传感器就是利用物质某物理特性随温度变化而变化的特点，输出一个随温度而变的模拟量的器件。温度传感器是温度测量仪表的核心部分，种类繁多。本书中使用的是LM35温度传感器，其外观如图4.1所示。

图 4.1　LM35 温度传感器

4.1.2　工作原理

在Fritzing软件中，LM35温度传感器的样式如图4.2所示。

图 4.2　LM35 传感器示意图

该传感器有3个引脚，若将器件上有“LM35”标识的一面对着自己，则引脚从左至右依次为VCC（电源）、VOUT（模拟量输出）和GND。

将VCC接+5V电源，GND接电源地，则VOUT就会输出一个随温度而变的模拟量，该模拟量与温度呈线性关系。0℃时输出电压为0V，每升高1℃，输出电压增加10mV。公式表示如下：

$$V_{out}=10\text{mV/℃}\times T\text{℃}$$

4.1.3 硬件连接

我们搭建一个电路来获取LM35的模拟量值并将其转换为温度值，在计算机端的串口监视器中显示出来。所需材料清单如下。

- ☐ Dreamer Nano，1个
- ☐ 面包板，1块
- ☐ LM35温度传感器，1个
- ☐ 面包线，若干

在Fritzing软件中完成硬件的搭建，这里我们使用A0口获取电压值，连接示意图如图4.3所示。这里LM35温度传感器同样左侧是VCC，右侧是GND，中间是VOUT。

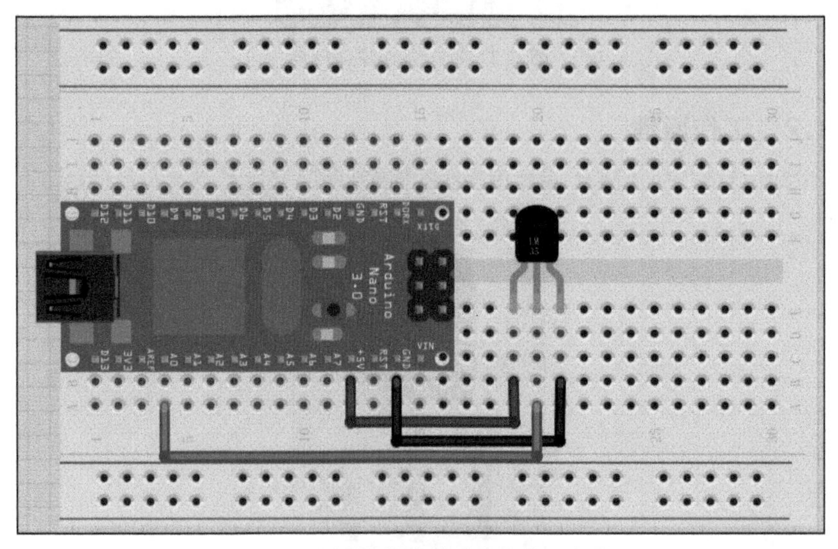

图 4.3　LM35 温度传感器连接示意图

4.1.4 检测温度

获取模拟量可以使用模拟输入模块，为了最后能够得到温度值，我们需要先将获取到的值转换为电压值。由于模块返回的值的分辨率是1024，假设获取到的值为*Value*，则*Value*与1024的比值应等于电压值与5V（5000mV）的比值，即

$$\frac{Value}{1024}=\frac{V_{out}}{5000}$$

而V_{out}=10mV/℃ × T℃

所以

$$T=\frac{Value\times 5000}{1024\times 10}=Value\times\frac{125}{256}$$

将上面的公式应用到程序中，我们可以实现简单的测温功能，功能描述如下：Arduino把通过传感器测量到的温度值发送给计算机，然后在软件的串口监视器中显示出来。完成后的程序块如图4.4所示。

图 4.4 简单的测温功能

如图4.4所示，将模拟输入模块提供的数据进行换算，然后利用Serial打印模块将数据发送给计算机。同时，为了不让温度采集得过于频繁，在打印模块的下面添加了一个延时1秒的模块。

将程序下载到控制板中，然后打开软件中的串口监视器，就能够看到Arduino通过传感器测量到的温度值，如图4.5所示。

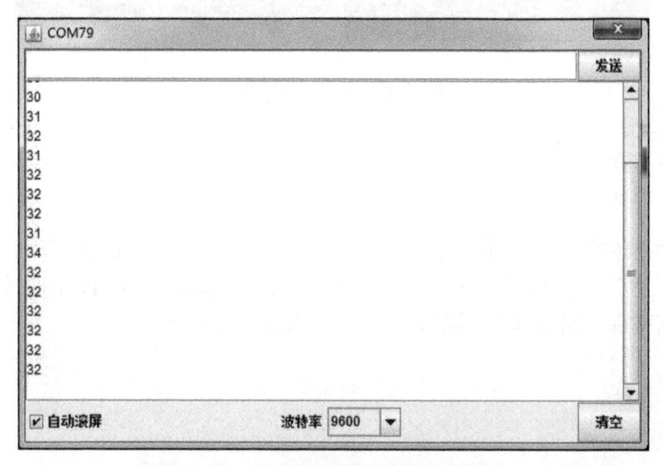

图 4.5 通过串口监视器显示温度值

4.2 串口交互

4.2.1 交互功能说明

掌握了温度传感器的用法之后，我们来增加一些交互功能。

因为目前整体的硬件连接很简单，就是Arduino加上一个温度传感器，本身没有实现交互的元器件，所以我们计划通过串口来进行交互。就是说，当我们在串口监视器中发送一些指定的命令或字符后，硬件部分会返回一些相关的信息。

当前规划的功能包括配置、查询、显示设备信息、帮助这几个方面。具体的实现过程我们通过以下几个小节来详细介绍。

4.2.2 配置功能

我们希望这个温度记录仪能够记录一段时间的温度变化，默认的间隔时间是5分钟，不过通过交互的形式能够设定这个间隔时间，设定值在1~9分钟可选。而本项目中，记录仪总共能够记录的数据个数只设定为20个。

完成以上功能的具体操作如下。

（1）定义两个变量，一个是parametertime，用来保存时间间隔的设定值，单位是分钟；另一个是pretime，用来保存之前的系统运行时间，这里保存之前的系统运行时间是为了计算记录的时间间隔，即只有当前系统运行时间减去之前系统运行时间大于时间间隔，才准备采集并记录一次温度。操作效果如图4.6所示。

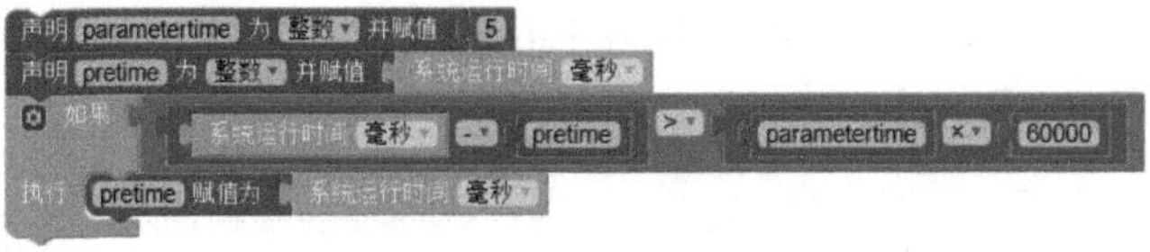

图 4.6　计算时间间隔

注意： 因为这里参数parametertime的单位是分钟，而得到的系统运行时间的单位为毫秒，所以在程序块中，要将参数parametertime乘以60000。

（2）当时间条件满足时，首先要将参数pretime赋值为当前的系统运行时间，同时采集并记录数据。另外，我们还需要定义一个数组和一个变量，数组是用来保存温度值数据的，而变量是用来保存温度值序号的。操作效果如图4.7所示。

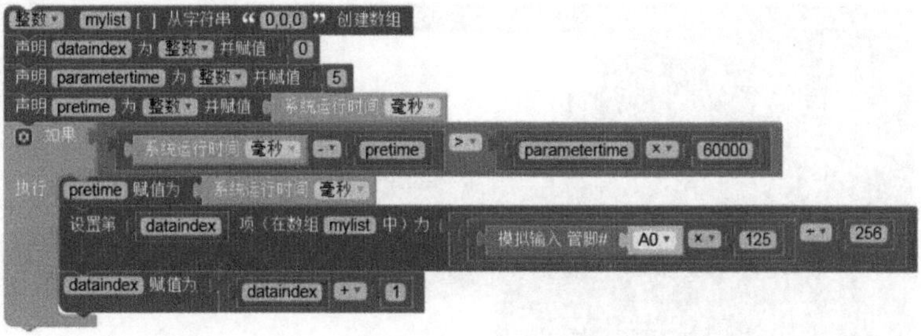

图 4.7　当时间条件满足时，开始采集并记录数据

（3）因为我们只保存20个数据，所以当温度值序号等于20时，要将这个序号变量重新置为0，如图4.8所示。

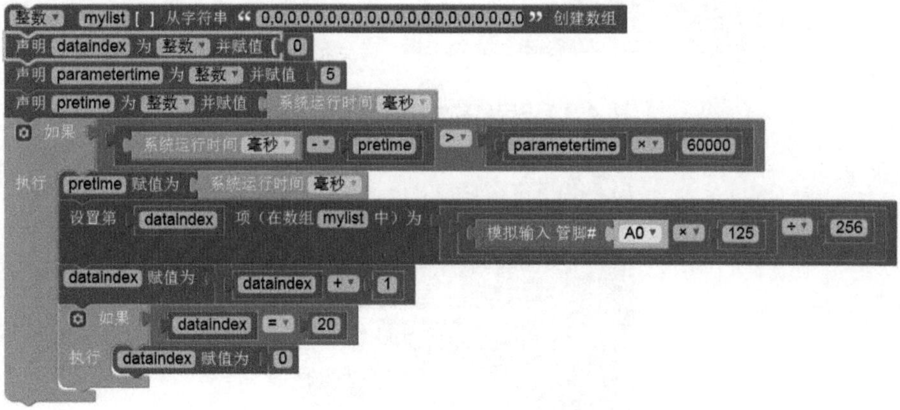

图 4.8　限定温度值序号的大小

（4）以上是采集温度值并存储的程序块，接下来完成设定参数的部分。设定参数是通过串口完成的，所以参考串口通信的例子，先判断是否接收到数据，再判断接收到的数据是什么，本项目定义收到数字1~9分别表示设定参数是1~9分钟。这里新增了一个变量rxdata用来存储Arduino接收到的串口数据。只设定1分钟的操作效果如图4.9所示。

（5）接着完成设定2~9分钟的程序块，如图4.10所示。由于计算机显示区域有限，所以这里只显示设定1~5分钟的程序块。

图 4.9　设定参数为 1 分钟的程序块

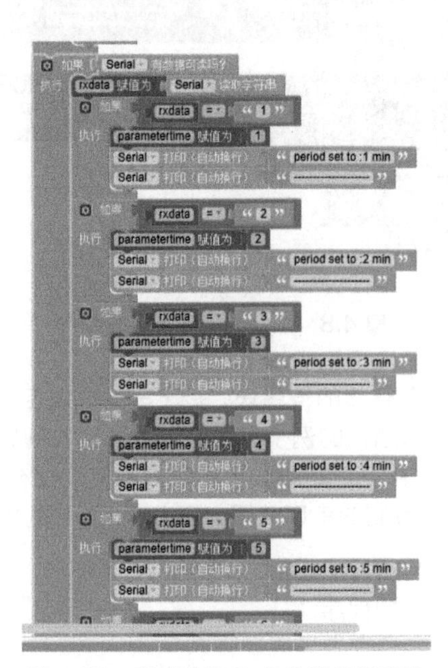

图 4.10　完成设定 2~9 分钟的程序块

（6）将程序下载到控制板中，然后打开软件中的串口监视器。在发送文本框中输入“1”，然后单击“发送”按钮，将会在接收文本框中看到如图 4.11 所示的信息。

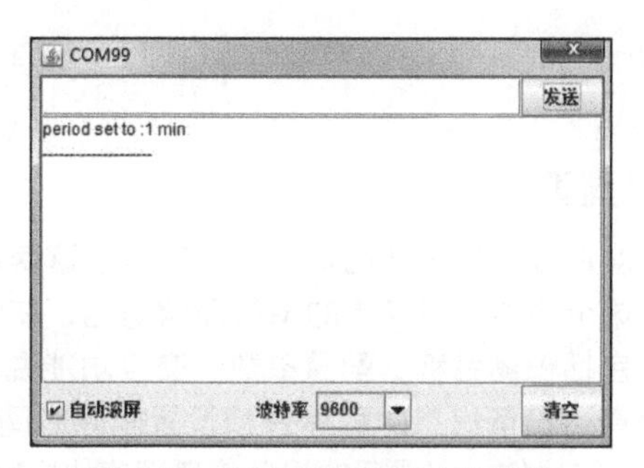

图 4.11　接收到设置成功的消息

这样，温度记录仪的配置功能就完成了，通过输入数字 1~9，能够设定采集温度值的间隔时间为 1~9 分钟。下一节我们来介绍一下查询功能。

4.2.3　历史查询

本项目定义输入字符“C”能够查询历史记录，查询的程序块和设置间隔时间的程序块是并列关系，同属于串口接收到数据之后的操作。查询程序块的内容如图 4.12 所示。

图 4.12　查询功能程序块

当收到“C”之后，Arduino 会按照变量 dataindex 的大小决定输出多少个温度值，这里输出的格式如下。

```
1 -- 温度值
```

温度值输出的格式为序号带两条短线，再加上所存储的温度值。所有温度值从上到下按序号排列，当所有数据显示完成后，以一条分割线结束。

说明： 大家可以体会一下带自动换行的Serial打印和不带自动换行的Serial打印之间的区别。

4.2.4 设备信息查询

配置和查询是这个温度记录仪最主要的功能，在完成了这两项功能之后，我们来增加一个设备信息查询功能。这个功能就是简单的串口通信功能，在收到相应信息之后返回对应的文本信息。这些信息包括仪器名称、配置参数、交互功能说明这3项，本项目定义输入“？”能够查询设备信息，设备信息的程序块和设置间隔时间的程序块也是并列关系，同属于串口接收到数据之后的操作。完成后的设备信息程序块内容如图4.13所示。

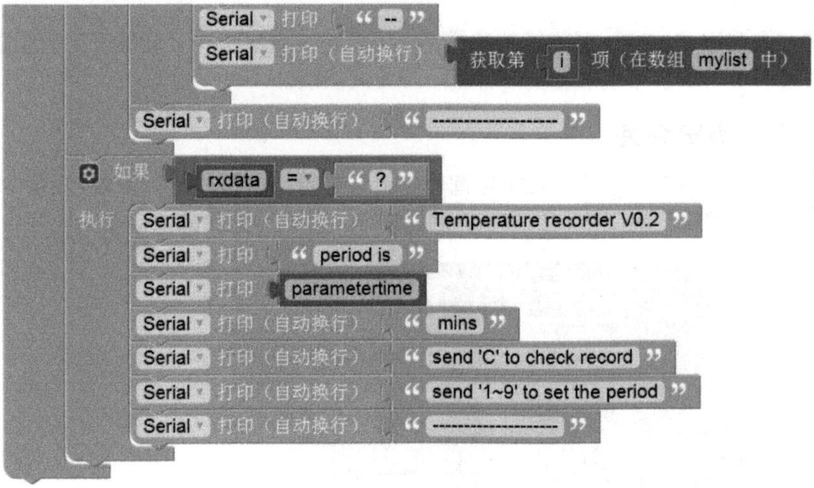

图 4.13 设备信息查询程序块

这样，当我们发送“？”给Arduino时，控制板会返回相应的设备信息，首先会返回设备名称“Temperature recorder V0.2”，然后返回时间间隔的配置“period is xx mins”（其中xx与当前配置的参数相同），最后是交互功能说明“send 'C' to check record”（发送C查询记录）以及“send '1~9' to set the period”（发送1~9设置间隔）。

图4.14显示了查询设备信息时的效果，其间我们配置了一次参数，然后又查询了一遍设备信息。

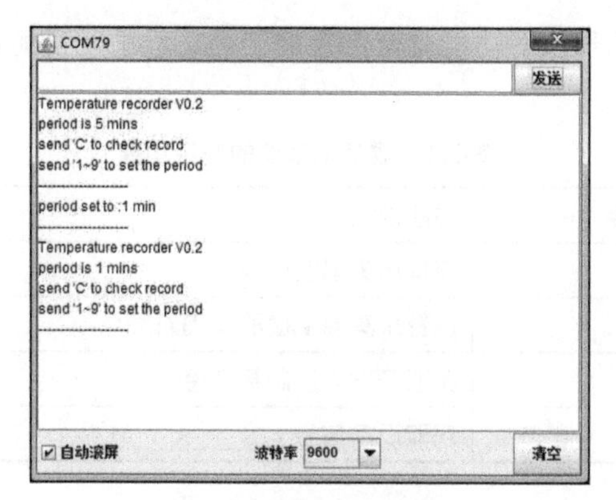

图 4.14　查询设备信息

4.2.5　帮助

帮助功能与设备信息查询功能在实现方式上是一样的，还是简单的串口通信功能，本项目定义输入“help”并发送后能够得到开发人员的邮箱信息，方便与开发人员联系。完成后的帮助功能程序块内容如图 4.15 所示。

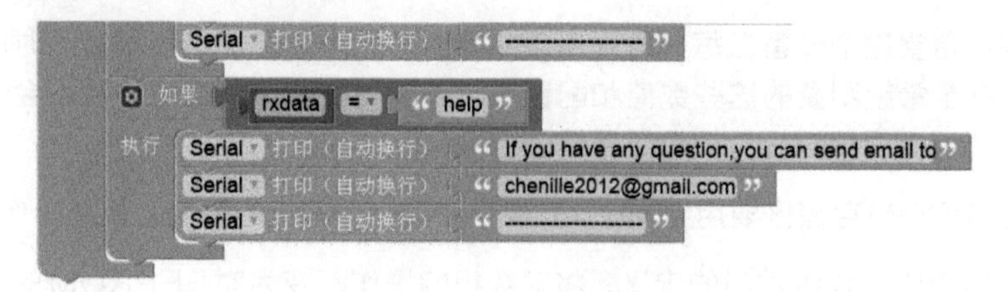

图 4.15　帮助功能程序块

图 4.16 显示了当我们输入“help”之后，接收文本框中出现的内容。

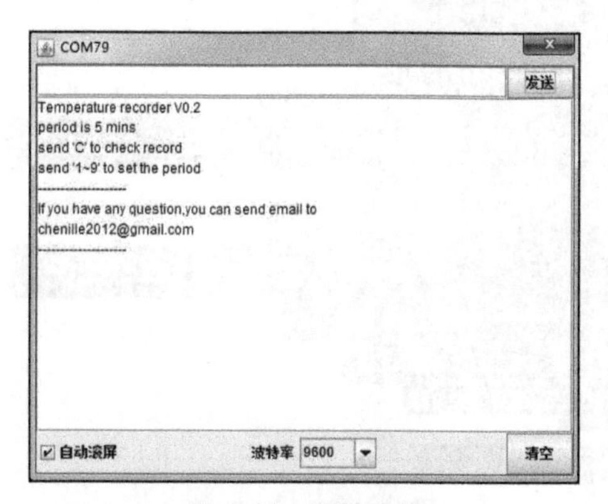

图 4.16　帮助功能

这样，整个温度记录仪的功能就全部完成了。交互功能我们通过表4.1来统一说明一下。

表4.1　温度记录仪的交互功能

序号	发送内容	功能说明
1	C	查询历史温度记录
2	1~9	设置采集温度值的间隔时间
3	help	获取开发人员邮箱信息
4	?	获取设备信息

4.3　数据的存储

4.3.1　EEPROM操作

细心的读者可能会发现一个问题：我们每次打开串口监视器之后，温度值都会重新采集，并且配置的时间间隔也会复位，这样这个温度记录仪就不可能实现脱机工作，必须连着计算机才能使用。

如果我们希望这个设备在每次打开串口监视器时原来的温度值和配置的时间间隔还依然保存着，甚至希望测量的这些数值和配置的时间间隔在断电情况下依然不会丢失，那就需要用到Arduino内部的EEPROM存储区。

使用EEPROM存储区要用到Mixly软件中“存储”分类的模块，具体操作如下。

（1）删除原程序块中数组的定义，将对数组的操作都变为对EEPROM的操作，其中对数组赋值的操作变为写入EEPROM的操作，如图4.17所示；读取数组的操作变为读取EEPROM的操作，如图4.18所示。

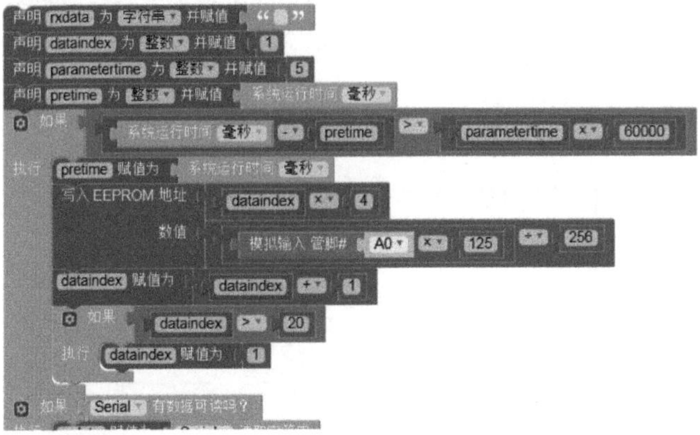

图4.17　将数组赋值的操作变为写入EEPROM的操作

图 4.18 将读取数组的操作变为读取 EEPROM 的操作

说明： 因为Mixly当中EEPROM相关模块对数据的操作都是按照长整形处理的，所以在地址参数中需要做一个乘以4的运算。

（2）在每次设定时间间隔参数后，将这个数值存入EEPROM中，如图4.19所示。由于计算机显示区域有限，这里只显示设定1~3分钟的程序块。

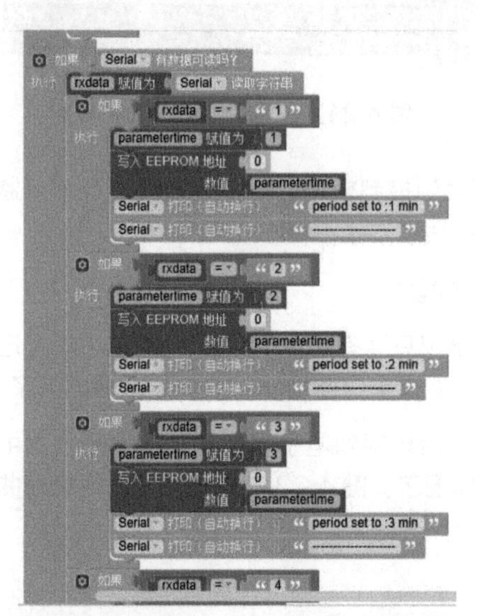

图 4.19 在每次设定时间间隔参数后，将这个数值存入 EEPROM 中

（3）在每次变量dataindex变化时，将它存入EEPROM中，操作如图4.20所示。

图 4.20　每次变量 dataindex 变化时，将它存入 EEPROM 中

（4）最后的操作要在初始化中完成，为了让设备上电时能够“想起”之前的数据，需要在初始化时将这些数据从EEPROM中读取出来并赋值给各个变量，如图4.21所示。

图 4.21　在初始化中为变量赋值

（5）完成后将程序下载到控制板中，再试试重新打开串口监视器是否会导致温度值重新采集，甚至可以试试断电后数据是否依然还能读取到。

4.3.2　温度变化曲线

此时，最新的温度记录仪只要有电就会开始按照时间间隔记录当前温度值了。我们让它工作一段时间后，就可以通过串口监视器将这些数据调出来了，如图4.22所示。

可以选中这些数据，然后复制到电子表格中，在电子表格中有了这些数据，就可以进一步绘制出温度的变化曲线图了。图4.22中的温度变化绘制成曲线就如图4.23所示。

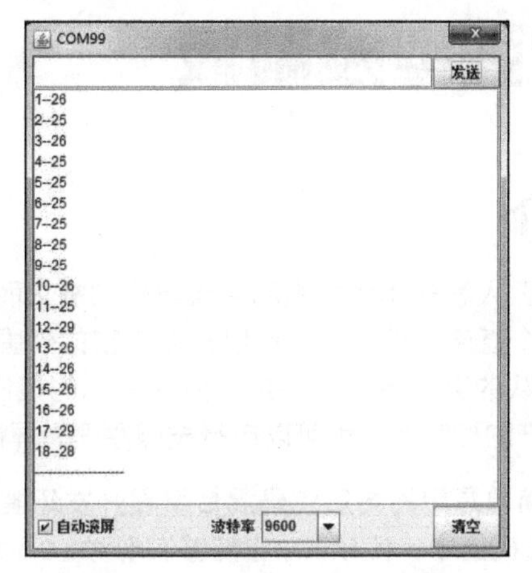

图 4.22　连续记录的温度值

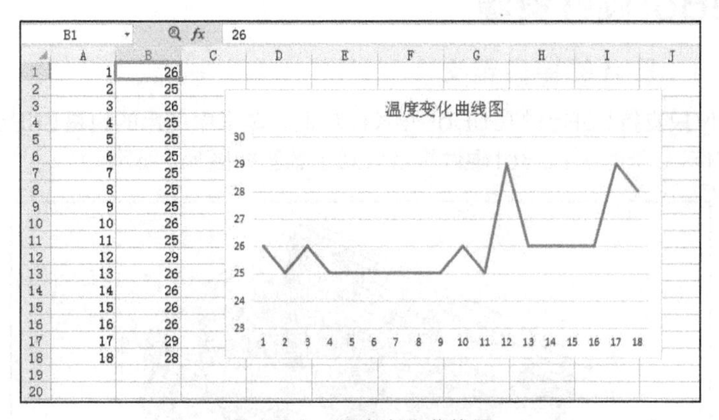

图 4.23　温度变化曲线图

第 5 章　增强型控制板

5.1　LuBot简介

LuBot是一款针对机器人教育体系中驱动直流电机的需求而开发的开放硬件平台，该硬件平台本身能够驱动两个直流电机，同时可以扩展丰富的外围模块，由本书作者程晨设计，在泺喜机器人研发团队的努力下开发完成，变为实际的控制板。该控制板完全开源，使用时你可以购买泺喜生产的控制板，也可以自行按照原理图焊接、组装。

当了解到Mixly这款简单易用的图形代码混合编程开发环境之后，团队将LuBot的底层代码融入Mixly的硬件代码当中，使Mixly也能够实现对LuBot硬件平台的开发。

5.2　LuBot硬件资源

5.2.1　LuBot的接口定义

目前Mixly只支持LuBot的LuBot MK控制板，本书中使用的也是LuBot MK（之后的内容都只写作LuBot），LuBot硬件平台外观示意图如图5.1所示。

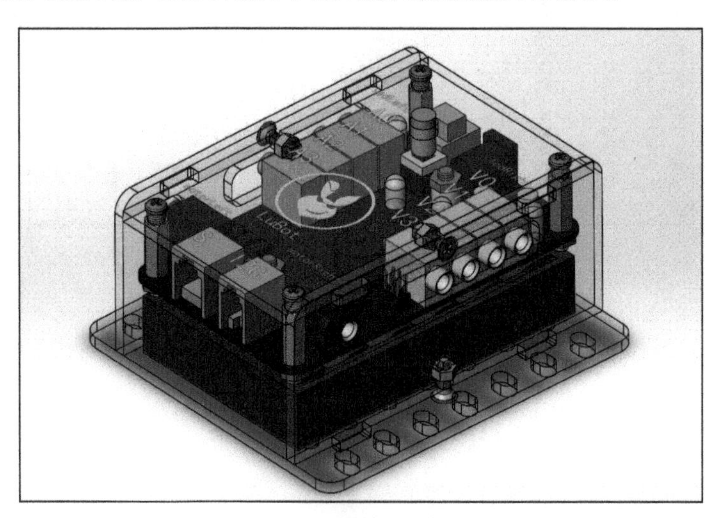

图 5.1　LuBot 硬件平台外观示意图

LuBot硬件平台的接口如图5.2所示，上方为电源接口，包含一个单独的7 ~ 12V电源接口和一个连接电池盒的接线端子。下方是通信端口，包括一个串行通信端口和一个I^2C接口，为LuBot控制器下载程序也是通过串行通信接口完成的，不过需要单独使用USB转TTL下载线。

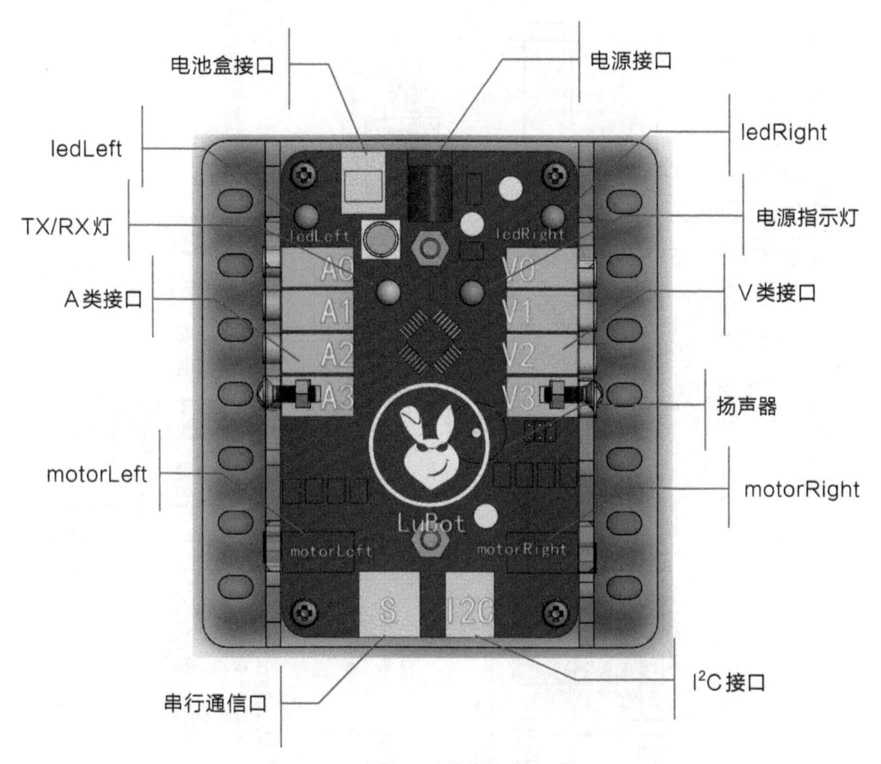

图 5.2 LuBot 硬件平台接口图

左右两侧是模块或传感器接口，这里使用了不同的颜色进行了标识，左侧靠上的4个蓝色接口称为A类接口，字母A有点像一个向上的箭头，也像汉字“入”，A类接口能够实现数字量的输入/输出以及模拟量的输入。右侧靠上的4个绿色接口称为V类接口，字符V有点像一个向下的箭头，也像动画形象中的天线，V类接口能够实现数字量的输入/输出以及模拟量输出。

左右两侧靠下方是两个黑色的电机接口，分别标识为motorLeft和motorRight，这两个接口能够驱动两个直流电机。另外控制板上还有两个内置的LED以及一个扬声器，两个LED分别标识为ledLeft和ledRight。

以上都是我们能够控制或驱动的接口或元器件，除此之外，需要说明的是在A类接口和V类接口之间有两个状态指示灯，一个是串行通信接口的通信指示灯，标识为TX/RX，另一个是LuBot的电源指示灯。

LuBot上所有的资源都有明确的标注，使用者可以很方便地知道连接的是哪个接口。

5.2.2 LuBot电路原理图

LuBot的电路原理图如图5.3所示。

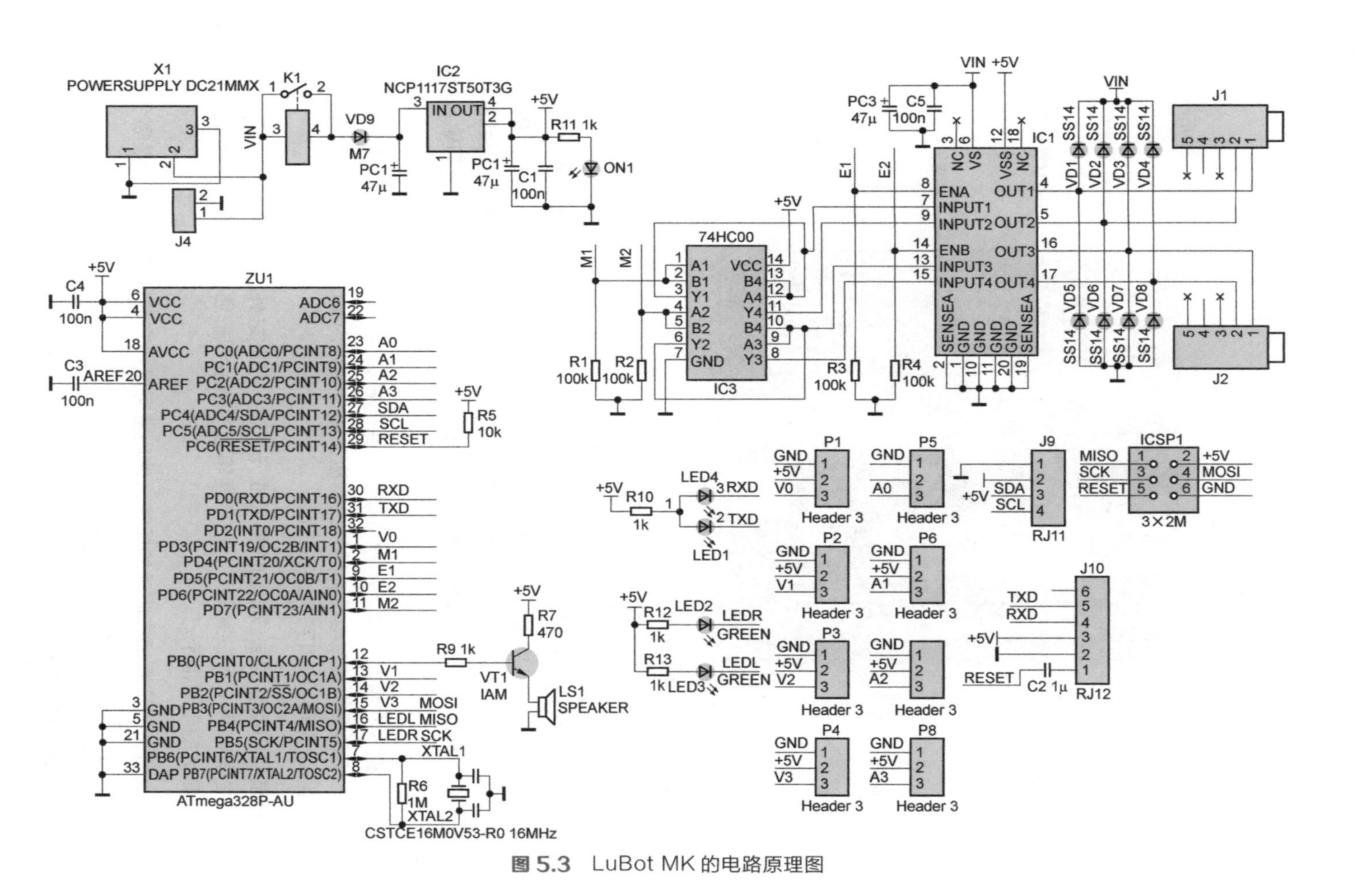

图 5.3　LuBot MK 的电路原理图

由电路原理图能够看出，LuBot采用的也是AVR单片机——ATmega328，晶体振荡器是16MHz的，电机驱动芯片为L298P，所以，整个硬件平台的电子特性见表5.1。

表 5.1 LuBot的电子特性

微控制器	ATmega328
驱动芯片	L298P
操作电压	5V
推荐输入电压	7~12V
极限输入电压	6~20V
I/O 脚直流电流	<40mA
闪存	32KB
SRAM	2KB
EEPROM	1KB
时钟频率	16MHz
驱动部分工作电流	<2A
最大耗散功率	25W（*T*=75℃）

5.2.3 应用Mixly为LuBot编程

如果想在Mixly中对LuBot进行编程，首先需要在控制板类型中选择LuBot MK，如图5.4所示。

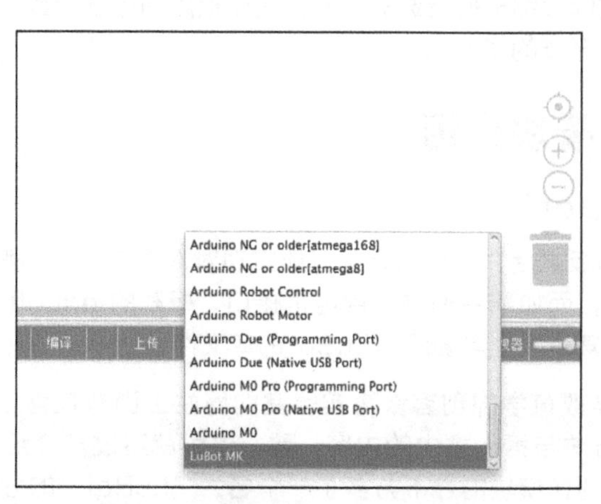

图 5.4 在控制板中选择 LuBot MK

选中之后如图5.5所示。

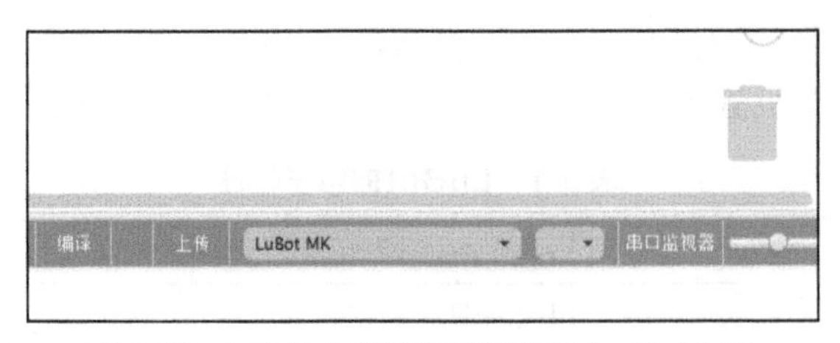

图 5.5　在软件中将控制板更换为 LuBot MK

现在，我们打开“输入/输出”分类，然后将数字输出模块拖曳到程序构建区，再单击“管脚”后面的下拉菜单箭头，如图5.6所示。对比图2.9，我们能够发现这里的选择变了，图2.9中可在0 ~ 13以及A0 ~ A5之中选择，而现在只能在V0~V3以及A0~A3之间选择。

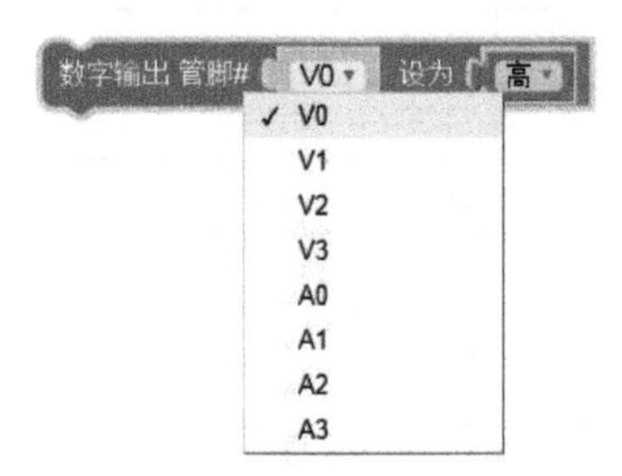

图 5.6　可选的数字输出管脚

其他程序模块实际上都根据所选的控制板变化相应的可选参数，此时我们再完成的程序块就是针对LuBot开发的了。

5.3　LuBot模块介绍

5.3.1　“LuBot”分类

选择对应的控制板之后，我们实际上只能实现对A类接口、V类接口、串行通信接口以及I^2C接口的使用，而如果我们想使用电机接口、板载的ledLeft和ledRight，甚至驱动内置的扬声器播放声音，则需要添加LuBot的库文件。

在北京师范大学教育学部创客教育实验室的网站上面有包含LuBot库文件的Mixly下载，软件的获取方法与第一章中的内容一致，这里就不过多介绍了。下载完成并打开Mixly后，我们能看到在模块的最下方多了一个名为“LuBot”的分类，分类中的模块如图5.7所示。

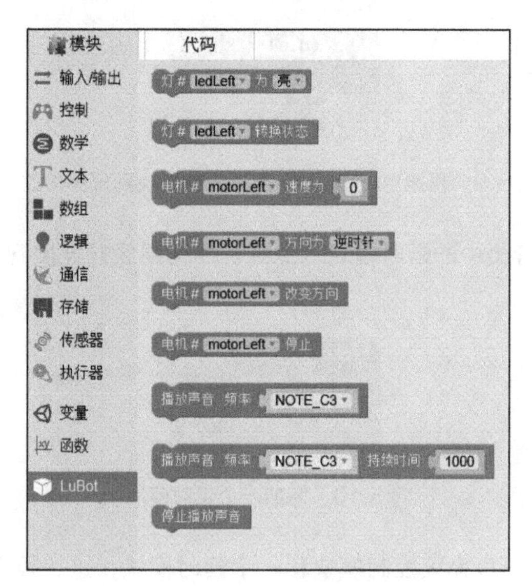

图 5.7 “LuBot”分类中的模块

说明： 在泺喜机器人的网站（www.luxerobot.com）上也能够下载包含LuBot库文件的Mixly。

“LuBot”分类中的模块可分为3种，分别实现对板载LED的操作、对电机的操作以及播放声音的操作。这3种模块分别介绍如下。

5.3.2 板载LED的使用

模块中的前两个是对板载LED操作的模块，第一个模块能够控制ledLeft或ledRight的亮灭，第二个模块能够转换ledLeft或ledRight的状态。

本节通过一个示例来说明这两个模块的用法。我们要实现的功能是让两个LED按照1Hz的频率交替亮灭，最开始的状态是ledLeft亮，而ledRight灭。程序构建的具体步骤如下。

（1）拖曳LED亮灭控制模块到程序构建区，确保第一个参数为ledLeft，而状态为“亮”，如图5.8所示。

灯 # ledLeft 为 亮

图 5.8 拖曳 LED 亮灭控制模块到程序构建区

（2）再拖曳一个LED亮灭控制模块到程序构建区并放在上一个模块的下方。这次将第一个参数变为ledRight，而状态为“灭”，如图5.9所示。

图 5.9　再拖曳一个 LED 亮灭控制模块到程序构建区

（3）将“控制”分类中的延时模块拖曳到程序构建区并连接到LED亮灭控制模块的下方，如图5.10所示。

图 5.10　增加一个延时模块

（4）再增加两个LED亮灭控制模块和一个延时模块，这次要将ledLeft的状态置为“灭”，而ledRight的状态置为“亮”，如图5.11所示。

图 5.11　完成后的程序块

（5）将程序下载到控制板中。此时观察LuBot上的两个板载LED，就能看到它们在交替亮灭。另外，应用LED状态转换模块也能实现上述功能，利用LED状态转换模块完成的程序块如图5.12所示。

图 5.12　利用 LED 状态转换模块完成的程序块

5.3.3 电机的控制

电机控制模块分别介绍如下。

1. 电机转速设定模块

电机# motorLeft 速度为 0

该模块会设定motorLeft或motorRight的转动速度，速度值的范围为0~255。

2. 电机转动方向设定模块

电机# motorLeft 方向为 逆时针

该模块会设定motorLeft或motorRight的转动方向是顺时针还是逆时针。

说明： 这里定义的直流电机转动方向是当电机输出轴面向自己时转动的方向。

注意： 顺时针或逆时针的定义只是针对与LuBot配套的直流电机而言，如果你控制自己的直流电机时，发现电机转动方向与设定方向相反，可以将连接直流电机的两条导线互换。

3. 电机转动方向变换模块

电机# motorLeft 改变方向

该模块会改变motorLeft或motorRight的转动方向。

4. 电机停止转动模块

电机# motorLeft 停止

该模块会让motorLeft或motorRight停止转动。

直流电机的应用在下一章中会有详细的介绍，本章就不详细介绍了。

5.3.4 播放声音

用于播放声音的模块有3个，前两个都是播放声音的模块，最后一个是停止播放声音的模块。在前两个模块中，第一个模块会按照一个频率一直播放一个声音，而第二个模块是在一段时间内播放一个频率的声音，这个时间的长短是由后面的参数决定的，该参数的单位是毫秒。设定频率参数时，既可以通过下拉菜单箭头来选择，也可以直接填写频率值（频率值与音调的对应关系见附录B），Mixly当中可选的音调只有高中低3个八度的21个音，这21个音的标识符号如图5.13所示。

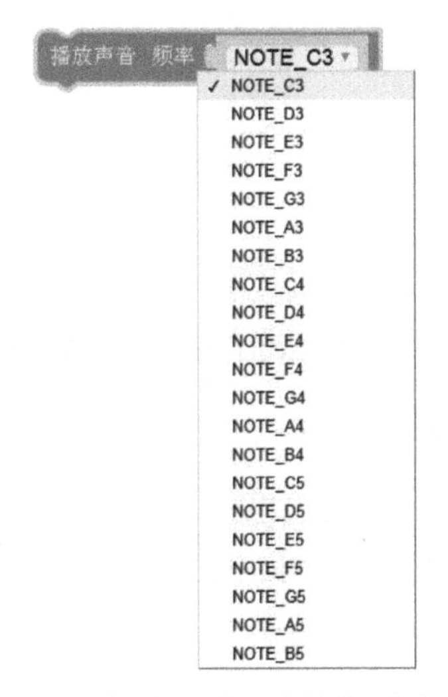

图 5.13 软件中可选的 21 个音

其中NOTE_C4是中音do，NOTE_C3是低音do，而NOTE_C5是高音do。下面我们通过一首《小星星》来介绍一下播放声音模块的用法。

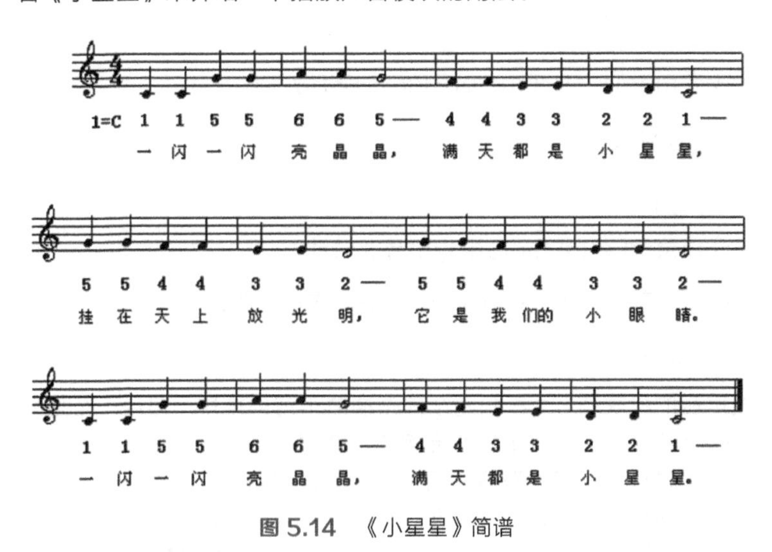

图 5.14 《小星星》简谱

图5.14所示是《小星星》的简谱，这里我们只完成第一句“一闪一闪亮晶晶，满天都是小星星”的演奏。这首歌每节有4拍，1拍的时间一般是0.3~1s，我们的程序块中取0.5s作为1拍的时间。程序块具体的构建步骤如下。

（1）拖曳第二个播放声音模块放到程序构建区，频率参数选择为NOTE_C4，持续时间为1拍的时间，这里取500毫秒，如图5.15所示。

图 5.15　放置播放声音模块

（2）拖曳一个延时模块放在播放声音模块下方，延时时间也是1拍的时间，这里取500毫秒。添加延时模块是因为虽然上面播放声音的模块限定了500毫秒的时间，但如果在500毫秒之内有新的播放声音模块运行，会中断前一个声音，直接开始播放后一个的声音，所以这里添加了一个延时模块来保证声音能够播放完成。操作效果如图5.16所示。

图 5.16　增加一个延时模块

（3）以上就是播放简谱中的第一个音节do，下面我们逐个完成播放后面的do、sol、sol、la、la，如图5.17所示。

图 5.17　播放 do、do、sol、sol、la、la

（4）第二个小节中最后音符要持续两拍，所以这个播放它声音参数要延长一倍，如图5.18所示。

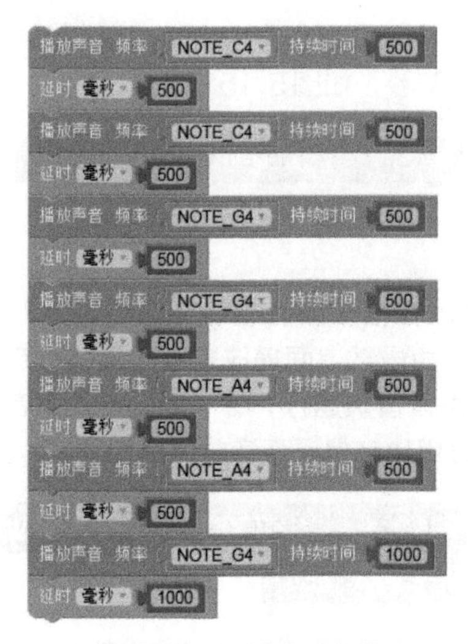

图 5.18　播放前两小节

（5）按照同样的方式完成播放接下来的两个小节的程序，如图5.19所示。

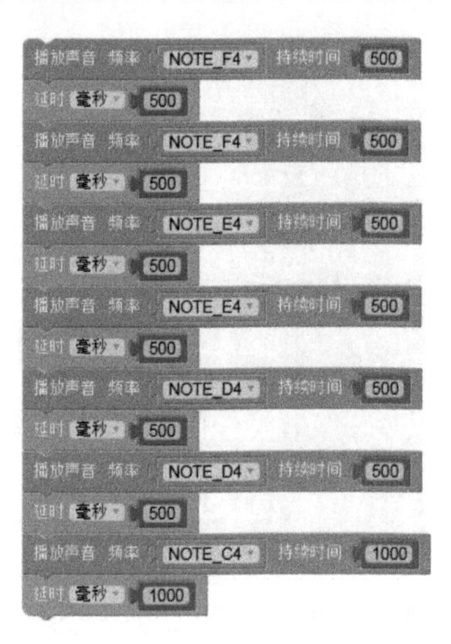

图 5.19　播放之后的两小节

（6）将4小节内容合在一起并下载到控制板中，LuBot就会开始演奏这首名曲的片段了。

5.3.5 数组的使用

上述这种一个一个音调输入的方法比较麻烦，大家能够看到最终完成的程序块重复性非常大，这种形式的程序块通过数组和循环，其实能够得到非常大的简化。下面我们就用简化的方式来重新完成一个功能相同的程序块。

首先定义两个数组，一个用来保存音调，一个用来保存持续时间。保存音调的数组命名为tonelist，保存持续时间的数组命名为timelist。两个数组中分别存放的是前4节中每一个音符的音调和节拍，具体定义如图5.20所示。

图 5.20 定义两个数组

说明： 在保存持续时间的数组中，我们保存的值是500的倍数值。

然后使用一个在一定次数内循环的结构，将循环次数设定为14次（因为4个小节总共有14个音）。而在循环内部是播放声音模块和延时模块，其中的频率参数使用的是数组tonelist中的值，而时间参数使用的是数组timelist中的值，这些值都会随循环次数的不同而不同。完成后如图5.21所示。

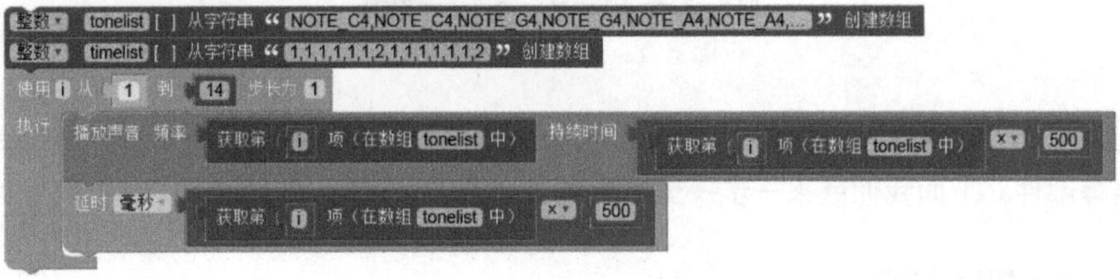

图 5.21 实现播放声音的功能

这样，我们就完成了演奏《小星星》前4小节的功能，相比与之前的程序块，现在这个只用两步就完成的程序块是不是精炼了很多？不过大家要意识到一点，精炼的程序往往逻辑关系比较复杂，所以这样的程序完成后必须要确保模块之间相互传递的参数或参数之间的转换关系是正确的。

第 6 章　感应自动门

6.1　功能描述

本章我们要完成一个感应自动门的交互作品。这个项目就像大家在商场里看到的旋转门（见图6.1）。这种旋转门会占用很大的空间，整个门是由3片或4片门板所组成的旋转机构。高级一点的旋转门是自动的，能够感知门前是不是有人；当有人靠近时，旋转门就开始转动，我们只需要随着转动的门板移动就能通过。

图 6.1　生活中的旋转门

感应自动门通常包含门框、转动的门板组合、驱动门旋转的电机、感应用的传感器、控制器等部件。下面我们就来一步一步地完成一个感应自动门。

6.2　框架搭建

6.2.1　门框搭建

框架搭建方面，这里选用的是泺喜的产品。泺喜的结构教具采用螺丝、螺母来固定需要连接的两个或多个零件，这种方式和我们平时连接零部件的方式非常像。图6.2所示是我们常见的摆放货品的货柜，其零部件的连接就是这种形式。

图 6.2　货架的零部件连接方式

这样的连接形式大家是很容易理解的，没有什么严格意义上的先后顺序，甚至能够发挥自己的创意，不过这里是先从搭建整个旋转门的外框开始的。

找一个较大的平板，然后在两头各安装一个3孔的角铁，如图6.3所示。

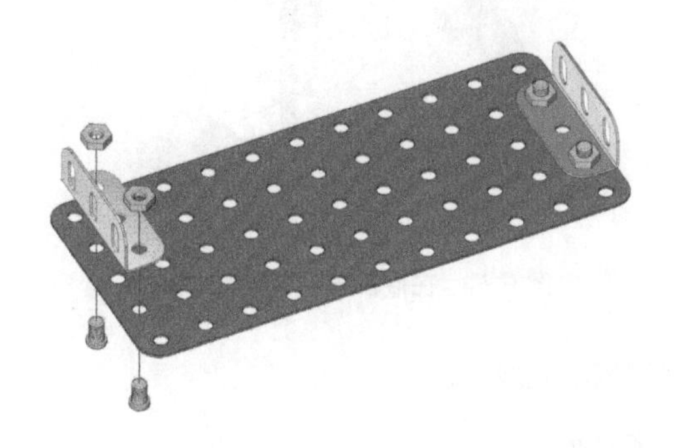

图6.3 在一个大的平板两端安装两个3孔角铁

泺喜的结构件为了方便连接其他零部件，通常布满了规则的小孔，这里我们找一个大的木板，然后在相应的位置钻几个孔也是可以的。

接着找两根长条将这个大平板架起来，如图6.4所示。

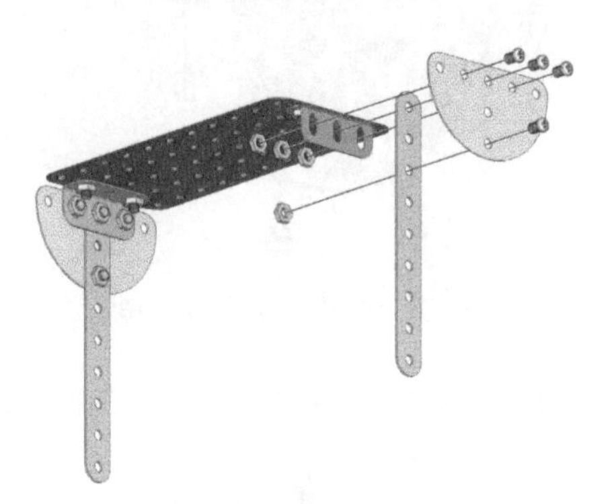

图6.4 用两根长条将大平板架起来

为了保证连接的稳固，这里还多装了一个半圆形的装饰物。不过这只能保证上面零部件连接的稳定，如果想让这个门框立起来，还需要以T形的方式安装一个长的角铁，如图6.5所示。

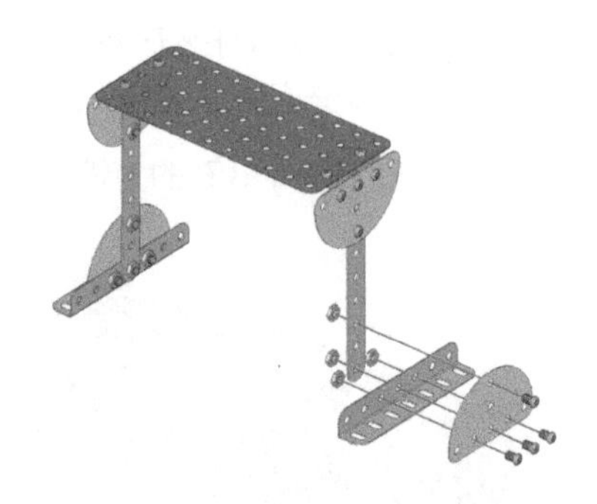

图 6.5　在底部安装两个长的角铁

这样，我们的简易门框就完成了。

6.2.2　转门的搭建

转门想要转，就需要有个转轴。我们找一个带有联轴器的滑轮，在滑轮上安装4个小的角铁，如图6.6所示。

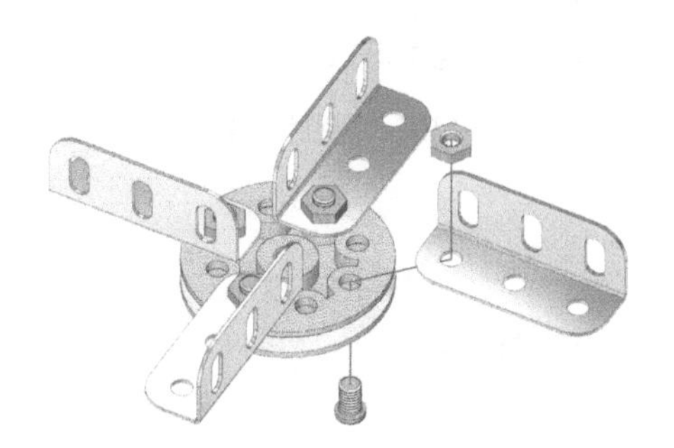

图 6.6　在滑轮上安装 4 个角铁

在每一个角铁上安装一个大一点的长方形的平板作为门板，如图6.7所示。

图 6.7　安装门板

这里的长方形平板同样也可以用木板自己做一个，而这里用的零部件是红色的柔性塑料片。

完成后，找一根轴装在滑轮的联轴器上，如图6.8所示。

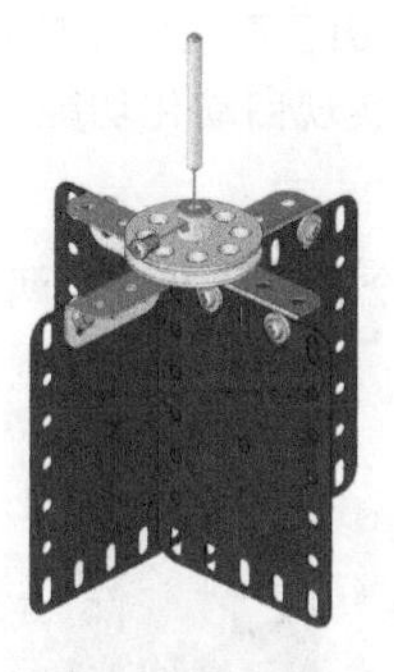

图 6.8　在联轴器上安装一个轴

轴不用露出来太多，有安装轴承固定器的位置就行，如图6.9所示。

图 6.9　轴不用露出来太多

以上完成了这个示意的旋转门，现在可以把它装到门框上了，如图6.10所示。

图 6.10　将转门装在门框上

整个转门装在门框上大平板的中间位置，上方用轴承固定器固定，中间可以增加一两个平垫。

6.2.3 安装支架

装好之后，应该就能用手转动转门了，此时这个旋转门就像生活中那种不带电的、需要用手推的旋转门。为了让旋转门实现自动化功能，下面我们来安装支架，包括电机的支架和传感器的支架。

找4个小的U形长条，其中两个装在前面的，两个装在后面，如图6.11所示。

图 6.11 安装 4 个 U 形长条

其中前面的两个U形条要相对着装在一个孔里，这是为了之后安装传感器用的。而后面的两个U形条是并排安装的，中间相隔一个安装孔。

U形条装好后，将电机支架装在后面的两个U形条上，如图6.12所示。

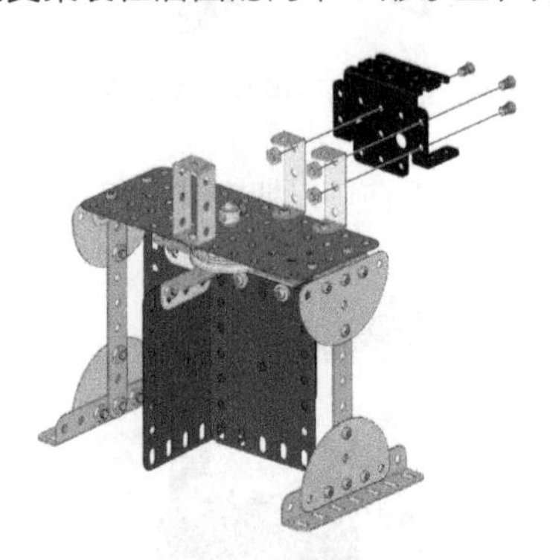

图 6.12 安装电机支架

确切地说，这里安装的是舵机支架，因为泺喜有一款电机的外观是和舵机一样的，而这里用的就是这款电机。安装完成后如图6.13所示。

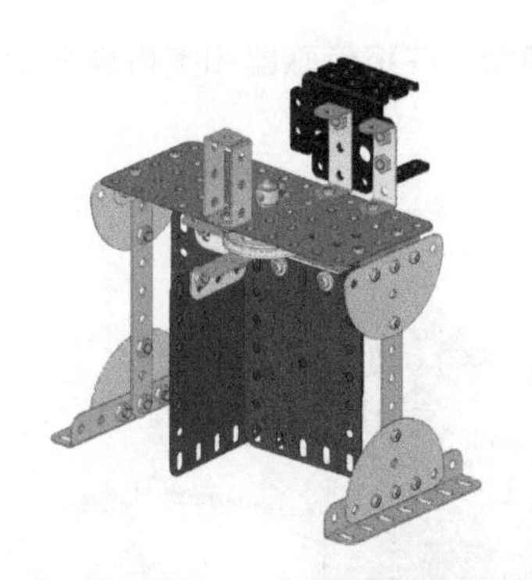

图 6.13　支架安装完成

6.2.4　安装电子部分

将电机装在电机支架上，同时在电机上装一个滑轮，如图6.14所示。

图 6.14　安装电机和滑轮

安装滑轮时，要保证两个滑轮在同一个水平面上，之后用一条皮筋将两个滑轮连起来，如图6.15所示。

图 6.15　用一条皮筋将两个滑轮连起来

最后，我们将传感器装在前面，并将传感器和电机连在LuBot上，完成之后，整体效果如图6.16所示。

图 6.16　完成后整体的效果

本例中将电机连接到motorLeft，而将传感器连接到V0。

6.3　程序实现

6.3.1　传感器调试

这里使用的传感器叫红外接近开关，是一种集发射与接收于一体的光电开关传感器，检测距离可以根据要求进行调节。传感器输出的信号是开关信号，无障碍物时输出高电平，有障碍物时输出低电平，并且探头后面的指示灯亮，探测范围为3~80cm。传感器实物如图6.17所示，其性能指标如下。

- 电源：5V
- 电流：<100mA
- 探测距离：3 ~ 80cm
- 探头直径：18mm
- 探头长度：45mm
- 电缆长度：45cm

图 6.17　红外接近开关

调试传感器的目的就是看看控制器能否正确检测到传感器发出的信号，以及测试一下传感器发出的信号是什么形式，并确认传感器与现实生活中物理变化的对应关系。

红外接近开关是前方无障碍物时输出高电平，有障碍物时输出低电平，这里使用数字输入模块以及Serial打印模块完成一个小的程序块测试一下。

拖曳一个数字输入模块和Serial打印模块放在程序构建区，并将数字输入模块放在Serial打印模块之后，如图6.18所示。

图 6.18　放置数字输入模块和 Serial 打印模块

为了避免控制板发送信息过于频繁，我们再添加一个延时模块，延时时间为300毫秒，如图6.19所示。

图 6.19　增加延时模块

将程序下载到控制板中，然后打开软件中的串口监视器，就能够看到Arduino通过传感器测量到的数值了，如图6.20所示。

用手遮挡红外接近开关，并观察串口监视器中数值的变化，如果遮挡时串口监视器中新增的数据显示为0，没有遮挡时串口监视器中新增的数据显示为1，则说明传感器没有问题，同时控制板能够正确接收到传感器发送的信号。如果没有出现图6.20所示的效果，串口监视器中新增的数据始终显示为0或1，那就要检查模块是否完好，连接接口是否正确。

图 6-20　串口监视器中显示的数值

6.3.2　电机的调试

电机的调试方法比较简单，直接使用“LuBot”分类中的电机控制相关模块就能够完成，这里我们设定电机的转动方向为逆时针，速度为150，完成后的程序块如图6.21所示。

图 6.21　测试电机的程序块

将程序下载到控制板中，如果电机按照逆时针的方式转动起来，就说明电机部分没有问题。

6.3.3　感应控制

传感器与电机都没有问题之后，我们就可以完成最后感应控制的程序了。其功能设定为：当前方有物体时，旋转门就开始转动；当连续10秒没有物体后，旋转门停止转动。构建程序块具体的步骤如下。

（1）先来实现前方有物体旋转门就开始转动，而没有物体后旋转门马上停止的功能。拖曳一个选择结构模块到程序构建区，单击模块上的蓝色齿轮状图标打开模块配置框，将配置框中左侧的“否则”拖到右侧的“如果”当中，如图6.22所示。

（2）拖曳一个数字输入模块放在选择结构模块的条件当中，因为有物体时传感器返回的值是0，而没有物体时传感器返回的值是1，所以我们在第一个执行结构中应当放置没有物体时需要执行的操作，即让电机停止。完成后的程序块如图6.23所示。

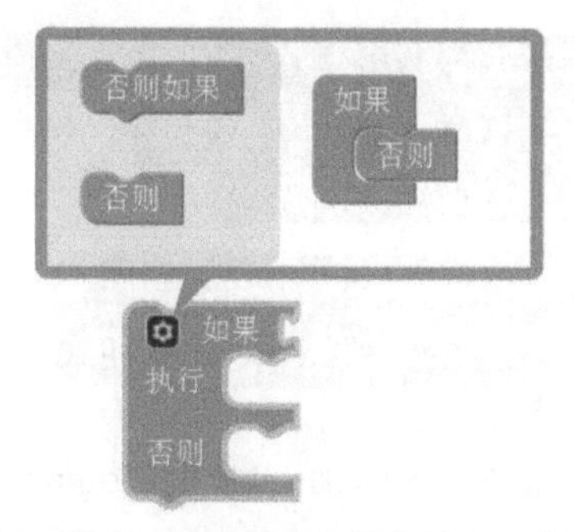

图 6.22 拖曳一个选择结构模块放在程序构建区

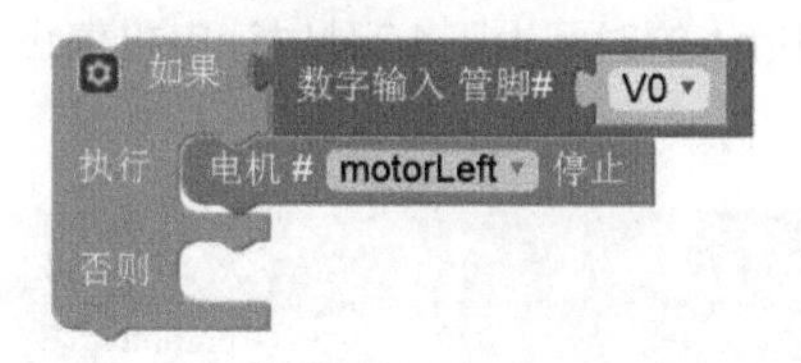

图 6.23 增加选择结构模块的条件

（3）在否则结构中放置控制电机转动的模块，即上一节中完成的内容，如图6.24所示。

图 6.24 完善否则结构中的模块

（4）现在通过交互已经能够实现控制电机转动、停止的操作了，不过目前的情况是遮挡传感器时电机转动，没有遮挡传感器时电机停止，与我们要实现的功能还有一些差距。接下来就需要增加一个变量来实现复杂的功能了。

参照第4章的内容，这里我们也是通过与系统运行时间的比较来判断前方没有物体的时间是否大于10秒，所以新增的变量是用来保存之前传感器检测到有物体时的系统运行时间的，本例中命名为pretime。Pretime的初始值为当前系统运行时间，如图6.25所示。

图 6.25　添加一个变量 pretime

（5）更改下面选择结构模块的条件为系统运行时间减去pretime的时间大于10秒，即当系统运行时间减去pretime的时间大于10秒时让电机停止转动，否则就让电机逆时针转动，如图6.26所示。

图 6.26　更改选择结构模块的条件

（6）增加一个选择结构模块来给pretime赋值，即当传感器前方有物体时要重新给变量pretime赋值。选择结构模块的条件就是接口V0的数字输入值，因为没有物体时传感器返回的值是1，所以这里还需要增加一个非操作模块，如图6.27所示。

图 6.27　增加一个选择结构模块来给 pretime 赋值

（7）将程序下载到控制板中看看实际的效果。整个系统上电后，电机会转动10秒后停止（在前方没有障碍物的情况下），之后就会按照最初的设定进行工作，即当前方有物体时，旋转门就开始转动；当连续10秒没有物体后，旋转门停止转动。

出现这个问题，是因为当系统上电时会给变量pretime赋初值，赋了初值之后的10秒内是满足电机转动的条件的。而10秒之后，只有通过第二个选择结构模块才能够给变量赋值，此时就能按照设定的想法正常运行了。

解决办法是增加一个布尔型的变量，变量名为flag，初始值为假。程序设定当flag为真时，才能让电机运转，而改变flag状态的操作只能在第二个选择结构模块中完成。最终完成的程序块如图6.28所示。

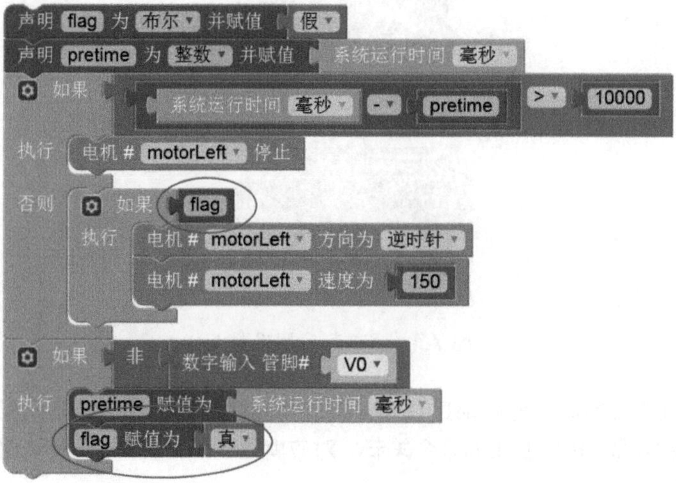

图 6.28　最终完成的感应自动门程序块

第 7 章　简易 6 足机器人

7.1　功能描述

通常大家学完Arduino或其他控制板之后，接触到的6足机器人都类似图7.1所示。

图 7.1　多关节 6 足机器人

这类多足机器人的运动形式都是参照节肢动物的，每条腿的关节都是相对独立的，使用180° 舵机来实现，每条腿上有3个关节，对应就是3个舵机，6条腿就是18个舵机。

这种6足机器人对电源的要求较高，普通的电池基本驱动不起来，使用航模用的大容量、大电流的锂电池勉强还能玩一会，用户体验非常不好，感觉上还没学会怎么控制呢，就已经不能动了。另外从制作上来讲，18个舵机的控制程序也较为复杂，调试时间过长，出现问题的概率也比较大。

笔者之前利用从网上买回来的拼装蜘蛛机器人套件制作过一个简易的多足机器人，这种拼装玩具套件买回来后是一个个的零件，需要自己看说明书动手拼起来，有点像那种拼装的四驱车，如图7.2所示。

这个蜘蛛机器人的结构设计非常好，利用齿轮传动和连杆的结构，只需要一个电机就能带动8条腿运动，让蜘蛛机器人“走”起来。美中不足的是，只能实现前进、后退两种动作，而且需要手动来调整（蜘蛛的前、后也是分不出来）。

图 7.2　从网上买的拼装蜘蛛机器人

单个机器人能够实现前进、后退，那么如果进一步将左侧的4条腿和右侧的4条腿控制分开，就能实现蜘蛛机器人的左、右转动了。要分开控制左侧和右侧的4条腿，就需要再添加一个电机及减速箱，实际上就需要购买两套蜘蛛机器人的零件，然后组合在一起。

最终组合完成的多足机器人如图7.3所示。

图 7.3　组合完成的蜘蛛机器人

这里使用DFRobot的Romeo（一块基于Arduino，集成了电机驱动、I/O扩展板及无线模块接口的多合一控制板）作为控制板，当然也可以用Arduino、电机扩展板、无线模块扩展板自己组装一套控制系统。

通过这个蜘蛛机器人，笔者发觉其实制作多足机器人也有简单的方法，可以将一些腿的运动整合在一起，也没必要非用舵机或步进电机来做，可以尝试通过结构的设计来解决，于是就有了我们今天要制作的这个足机器人。

7.2 机器人搭建

7.2.1 运动原理

参考之前制作的拼装多足机器人，本人制作了一个曲柄结构，大家来看图7.4，在A点固定不动的情况下，当圆B绕圆心转动时，D点就会绕B的圆心完成圆周运动，而C点就会完成划桨一样的摆动动作。这很像一条腿的运动形式，如果再多几条腿分时地完成这样的划桨动作，就会带动机器人整体移动。

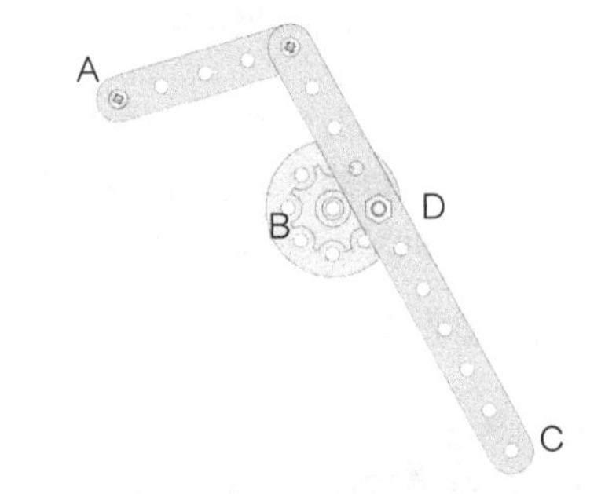

图 7.4 单条腿的运动原理

初步的想法形成之后，我们就开始动手搭建这个简易的6足机器人吧。

7.2.2 框架搭建

首先用两根长条和两根带折角的长条（U形长条）构成一个基本的长方形框架，如图7.5所示。

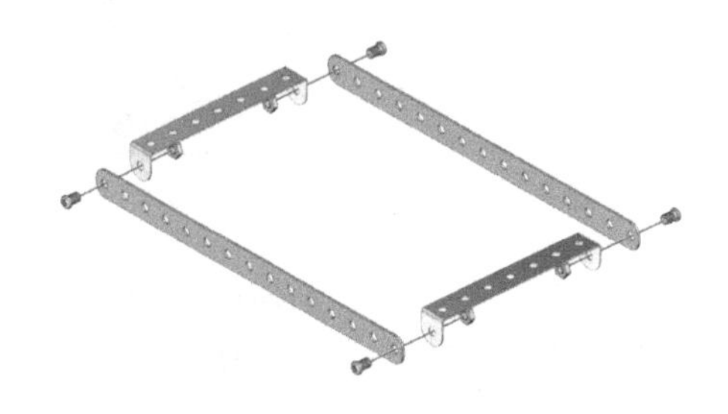

图 7.5 搭建基本框架

这个长方形框架上还需要安装电机，于是我们要先装两个角铁，同时为了稳固，再安装一个U形长条。效果如图7.6所示。

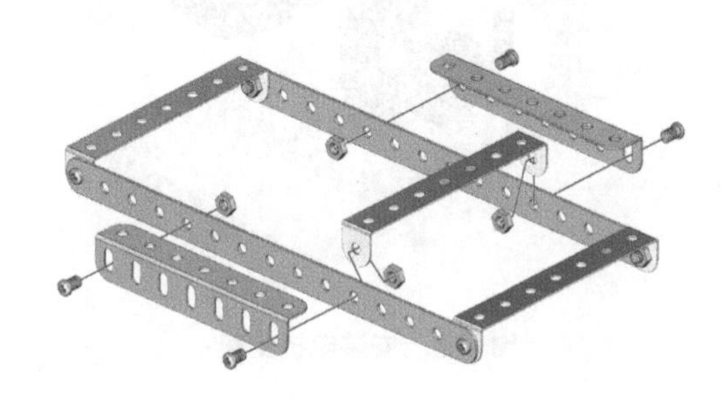

图 7.6 安装角铁

另外，这个框架上还需要安装一个三角形的铁片，主要目的是用来产生高出电机旋转轴的A点，如图7.7所示。

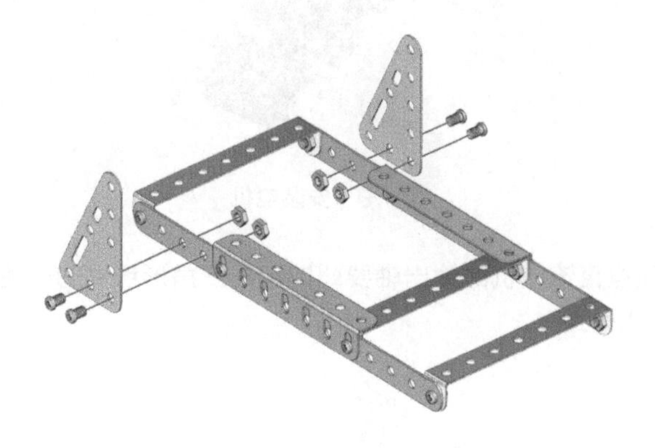

图 7.7 安装一个三角形的支架

三角形铁片最上方的那个孔就是我们设计的A点。接下来安装电机支架和电机（这里的电机和上一章中的一样，外观类似舵机。其实使用360° 连续旋转的舵机来代替这个直流电机也是可以的，只是控制方式不太一样），如图7.8、图7.9所示。

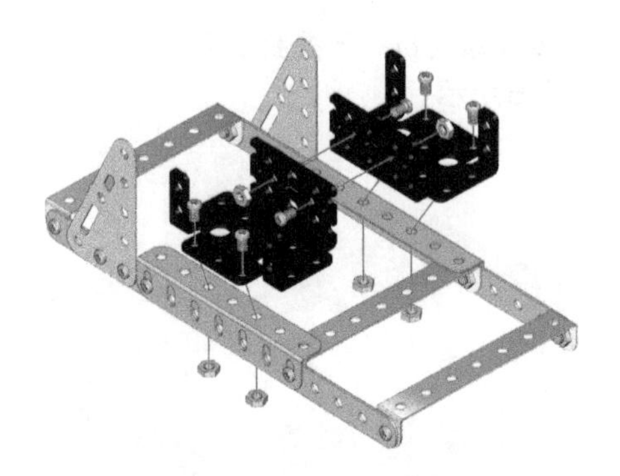

图 7.8　安装电机支架

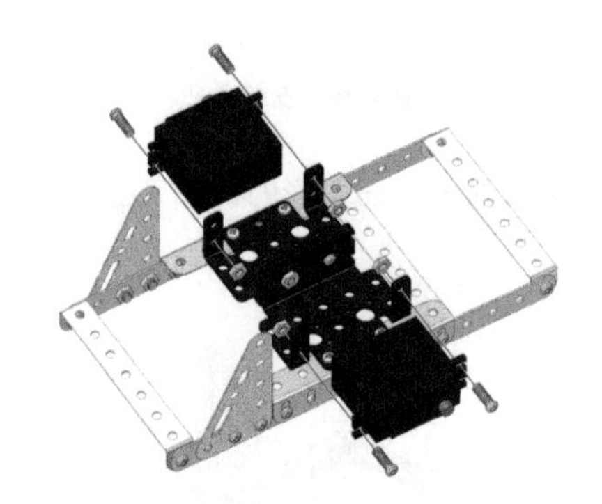

图 7.9　安装电机

安装电机时，注意直流电机的输出轴要朝向远离三角形铁片的一侧。这样整个框架就搭建完了，如图7.10所示。

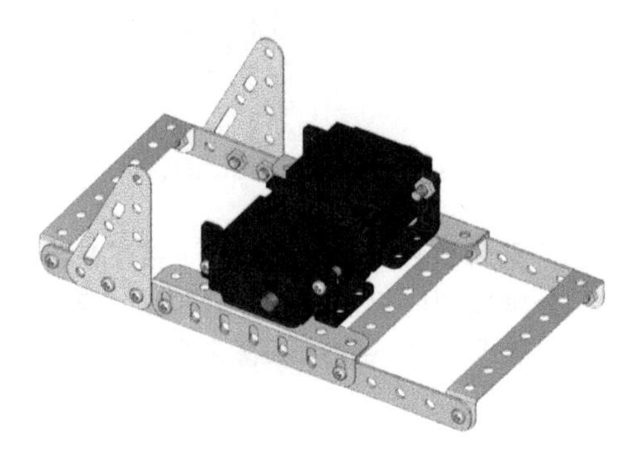

图 7.10　完成后的整个框架

7.2.3 组装6足

在框架的基础上，我们来组装6足机器人的6条腿。这里先安装结构比较简单的前腿和后腿，只需要找两根轴，穿过框架上长条的前、后第二个孔，然后再将4跟较短的铁条穿在两根轴的两侧，最后用固定器固定一下，防止较短的铁条从轴上脱落下来，腿就做好了，如图7.11所示。

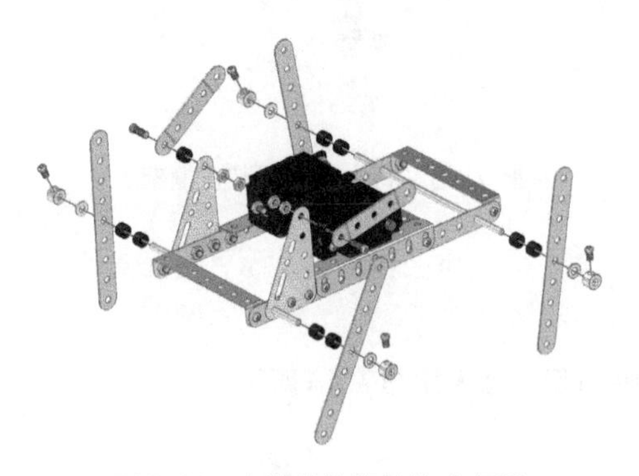

图 7.11 安装结构简单的 4 条腿

这里为了配合电机输出轴的位置，在框架的长条和较短的长条之间，各加了两个塑料的垫圈。同时在A点的位置，我们也安装了一个5孔的长条，为下面安装中间的那条腿做准备。

参照图7.4，中间的这条腿是装在一个周围有孔的圆盘上的，而这个圆盘的中心是需要连接在直流电机上的。这里还是使用滑轮，将中间的腿固定在滑轮上，同时在连接点上再各安装两根7孔的长条，用以连接之前装好的4条腿，如图7.12和图7.13所示。

图 7.12 将中间的腿和滑轮连在一起

图 7.13　将中间的腿装在框架上

注意：在连接两根长条以及连接长条和滑轮时，要注意不要将螺丝拧紧，要留有一定空间，让各个部件能够灵活转动，必要时还要在部件之间增加垫柱或垫片。

最终制作完成的简易 6 足机器人如图 7.14 所示。

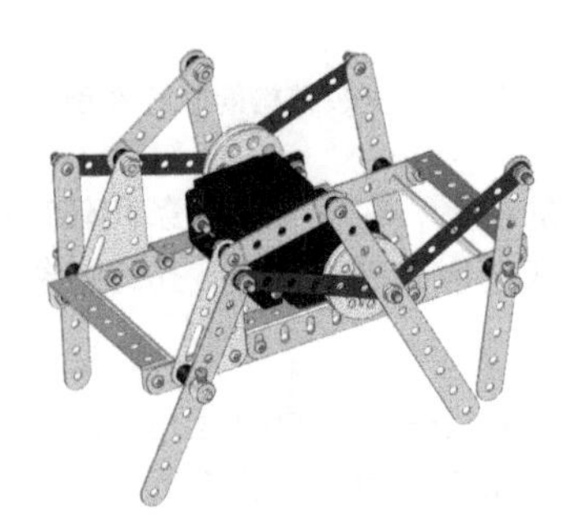

图 7.14　制作完成的简易 6 足机器人

7.2.4　安装控制板

控制板的安装方法较为简单，把它利用小的 U 形长条固定在框架上即可，如图 7.15 所示。

图 7.15　安装控制板

装上控制板后，将电机接头插在控制板上，左侧的电机接在motorLeft上，右侧的电机接在motorRight上。

7.3 程序实现

7.3.1 运动控制

在开始构建程序之前，我们先来分析一下这个简易6足机器人的运动如何实现。参照图7.4，当圆盘顺时针转动时，C点会向左划；而当圆盘逆时针转动时，C点会向右划。其运动趋势是和圆盘转动方向一致的，因此这个简易6足机器人的多足运动控制可以等同于圆盘的运动控制。

大家再来看图7.16。

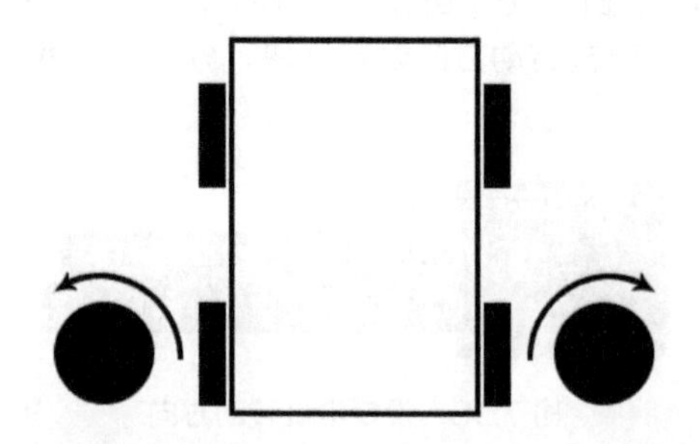

图7.16 小车运动示意图（左侧的圆表示左轮的左视图，右侧的圆表示右轮的右视图）

虽然图中是一个4轮小车的运动示意图，不过因为简易6足机器人的运动形式等同于轮子的转动，所以我们就通过这张图来说明一下如何控制刚刚搭建完成的这个6足机器人。

由图7.16能够看出来，如果要让左侧向前运动，则轮子需要逆时针转动；而如果要让右侧向前运动，则轮子需要顺时针转动。由此我们能够得到一张运动控制表格，见表7.1。

表7.1 简易6足机器人运动控制表

运动动作	说明	motorLeft	motorRight
前进	左、右都向前	逆时针	顺时针
后退	左、右都向后	顺时针	逆时针
原地左转	左侧向后，右侧向前	顺时针	顺时针
原地右转	左侧向前，右侧向后	逆时针	逆时针
左转	左侧停止，右侧向前	停止	顺时针
右转	左侧向前，右侧停止	逆时针	停止
停止	停止运动	停止	停止

7.3.2 移动函数

根据表7.1，我们最好先完成一系列的运动函数，这样在后面的编程过程中一方面可以提高程序构建的速度，另一方面可以增加程序块的可读性。先来完成实现前进的forward函数，步骤如下。

（1）拖曳一个定义函数的模块到程序构建区，将这个函数命名为forward，如图7.17所示。

图 7.17　放置一个定义函数的模块

（2）实现前进的功能是让motorLeft逆时针转，motorRight顺时针转，所以在定义函数的模块中我们放置两个电机转动方向设定模块，分别设定两个电机的转动方向，如图7.18所示。

图 7.18　设定电机转动方向

（3）设定电机的速度为最大值255，如图7.19所示。这样这个前进的函数就完成了。

图 7.19　设定电机速度

接着依次完成后退函数backward（见图7.20），左转函数turnLeft（见图7.21），右转函数turnRight（见图7.22）、原地左转函数turnLeft2（见图7.23）、原地右转函数turnRight2（见图7.24）和停止函数stop（见图7.25）。

图 7.20 后退函数

图 7.21 左转函数

图 7.22 右转函数

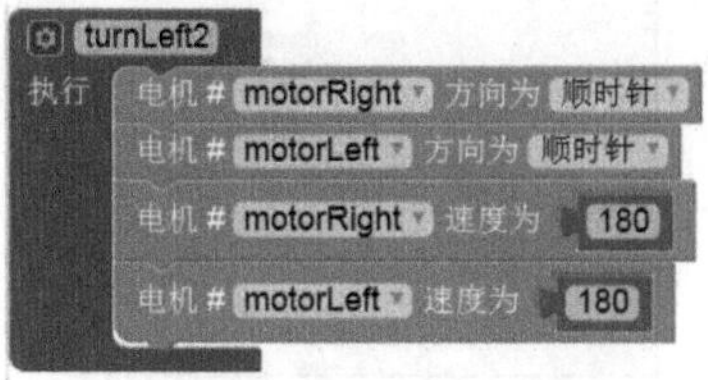

图 7.23 原地左转函数

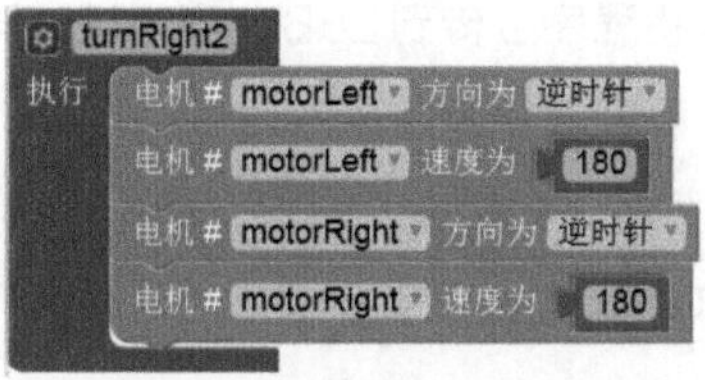

图 7.24 原地右转函数

图 7.25　停止函数

在这些移动函数中，我们设定的电机速度都为180。此时，我们点开“函数”分类，就能看到这些新建的函数出现在分类列表中，这说明我们可以直接使用这些函数来构建程序块了，如图7.26所示。

图 7.26　新建的函数会出现在“函数”分类中

至于函数的正确性，可以将程序上传到LuBot当中试一试。

7.4　红外遥控

7.4.1　安装红外接收模块

机器人的基本动作完成之后，我们来实现一个具体的功能——使用遥控器来控制6足机器人的动作。

为了让机器人能够接收到遥控器的信号，我们还需要安装一个红外接收模块，这里笔者为简易6足机器人安装了一个雷达状的结构，而红外接收模块就装在这个“雷达”的中心。“雷达”的安装步骤如下。

（1）在控制器前面安装一个竖直的轴，轴的最上方装上一个固定夹，如图7.27所示。

图7.27　在控制器前面安装一个竖轴

（2）再通过钝角连接件在固定夹上安装一个圆形的铁片作为“雷达”，如图7.28所示。

图7.28　安装“雷达”

（3）将红外接收模块安装在“雷达”的中心，导线通过竖轴绕下来，最终接到LuBot控制器的V0口。连接好的实物图如图7.29所示。

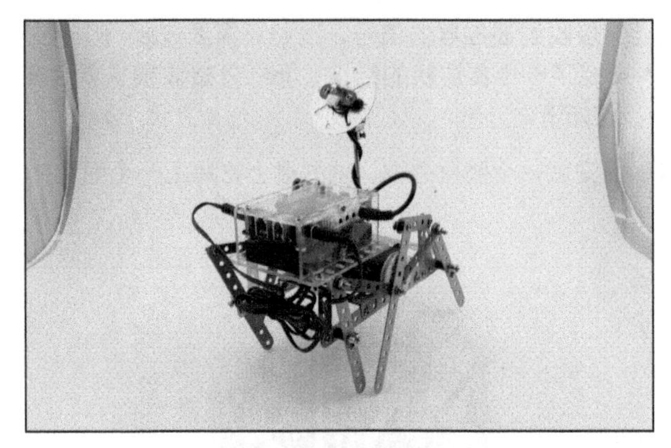

图 7.29　安装了红外接收模块的机器人

7.4.2　红外接收模块测试

硬件连接完成之后，我们需要先对红外接收模块进行一些测试，同时完成选定遥控器、确定交互按钮的工作。

本书选用的遥控器如图7.30所示，这是一种在Arduino学习中较为通用的遥控器，大家通过网络能够很容易地购买到。

图 7.30　本书选用的遥控器

将图7.31所示的程序块下载到控制器当中（该程序块就是“通信”分类中的红外接收模块）。

图 7.31　红外接收模块

然后打开串口监视器，对着红外接收模块按下遥控器的不同按钮，在串口监视器的接收文本框中就会出现不同的编码，如图7.32所示。这里显示的文本告诉我们编码的标准是NEC，最后是具体的编码，其中每个编码会对应一个按钮。

图7.32 在串口监视器中显示的红外编码

将编码和按钮对应起来，整理按钮1~9对应的编码形成表7.2。

表7.2 遥控器编码和按钮对照表

按钮	对应编码
数字1	FF30CF
数字2	FF18E7
数字3	FF7A85
数字4	FF10EF
数字5	FF38C7
数字6	FF5AA5
数字7	FF42BD
数字8	FF4AB5
数字9	FF52AD

7.4.3 遥控6足机器人行走

确定了按键编码之后，就可以进一步来实现遥控6足机器人的程序块了。这里我们要实现的功能是用几个数字按钮控制机器人的前进、后退、左转、右转和停止。具体的对应关系是：数字2控制机器人前进，数字8控制机器人后退，数字5控制机器人停止，数字4控制机器人原地左转，数字6控制机器人原地右转，数字1控制机器人左转，数字3控制机器人右转。将按钮与动作的对应关系与表7.2结合，就可形成一张编码与动作的对照表，见表7.3。

表7.3 编码与动作对照表

按键	编码	动作	移动函数
数字1	FF30CF	左转	turnLeft
数字2	FF18E7	前进	forward
数字3	FF7A85	右转	turnRight
数字4	FF10EF	原地左转	turnLeft2
数字5	FF38C7	停止	stop
数字6	FF5AA5	原地右转	turnRight2
数字8	FF4AB5	后退	backward

依照上表完善最终的运动控制程序块，具体步骤如下。

（1）在图7.31的基础上，增加一个switch模块，switch模块的条件为红外接收模块接收到的信号，这个信号保存在变量ir_item中，如图7.33所示。

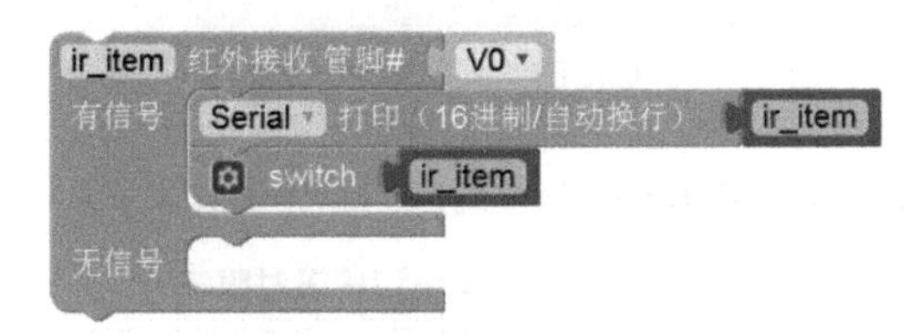

图7.33 增加一个 switch 模块

（2）单击switch模块中的蓝色齿轮状图标，在模块中添加7个case模块，如图7.34所示。

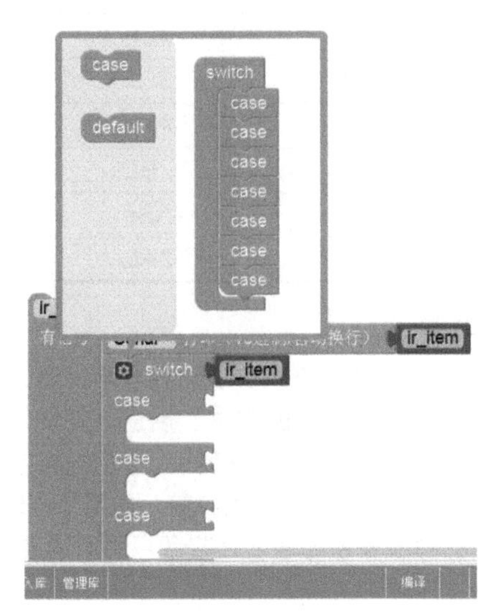

图7.34 在 switch 模块中增加 7 个 case 模块

（3）依照表7.3，将对应的编码放在case后的条件当中，如图7.35所示。

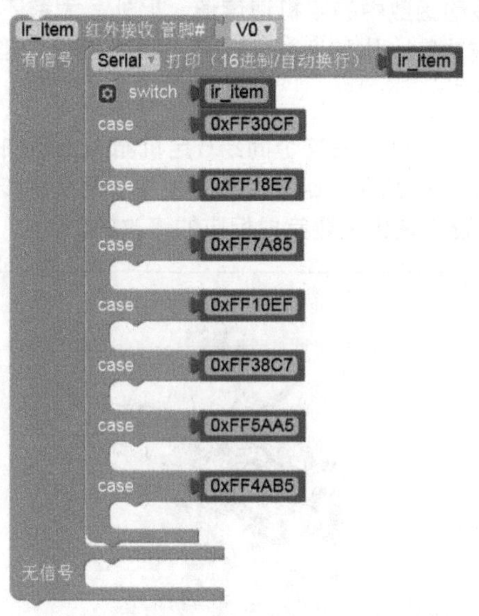

图7.35　将对应的编码放在case条件中

说明： 在case的条件中，因为编码的显示形式为十六进制，所以要在编码前面加上一个0x。

（4）再依照表7.3，将对应的移动函数放置在相应的case当中，如图7.36所示。

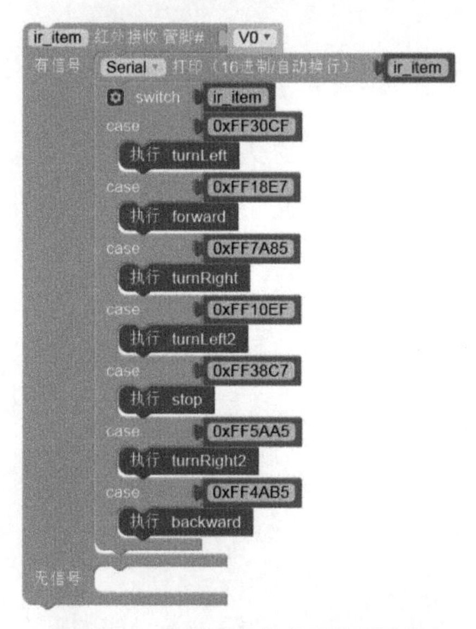

图7.36　完成后的红外遥控程序块

（5）将上面的程序块下载到控制器当中，用遥控器试试控制的实际效果。如果感觉速度不太满意，可以调整移动函数中的电机速度值。另外，大家还可以利用遥控器的其他按钮来实现更丰富的动作或功能，比如增加一个播放声音按钮，当按下这个按钮时，6 足机器人就会“唱”一段小曲。

除了通过按钮扩展功能之外，在这个简易 6 足机器人上添加额外的传感器，也能完善机器人的功能，比如像图 7.37 所示，给 6 足机器人加上两个避障传感器，就能实现自动避开障碍物的功能了（当然程序块也是要完成相应的修改的）。

图 7.37　为 6 足机器人添加避障传感器

第 8 章 剖析米思齐

8.1 Blockly

在第 1 章中说过，Mixly 是基于 Blockly 开发的，所以如果要剖析 Mixly，就要先了解一下 Blockly。

Blockly 是一种在网页上运行的图形化编程形式，是 Google 于 2012 年发布的。这种编程形式是用一块块图形对象构建出对应的程序，每个图形对象都是一句或一段代码，你可以将它们拼接起来，实现简单的功能。这些简单的功能再组合起来，就形成了一个复杂的程序。整个过程基本只需要鼠标拖曳就可以了。

Mixly 采用的就是 Blockly 编程形式，而且软件还保留了 Blockly 在网页上运行的特点，如果各位读者在前几章的实例中保存过项目，就会发现我们保存的项目文件都是 XML 类型的。

8.2 XML 文件

8.2.1 HTML 语言

XML 是一种能用浏览器打开的文件格式。而之所以浏览器能够识别，是因为 XML 是一种标记语言，网页文件所用的 HTML 语言就是大家最常见、最熟悉的标记语言。

HTML 文件本身是一种文本文件，是用 HTML（HyperText Markup Language）语言书写的。通过 HTML 语言的标记符（或标签），告诉浏览器如何显示其中的内容，标记符一般都是成对出现。浏览器按顺序阅读网页文件，然后根据标记符解释和显示其标记的内容，对书写出错的标记将不指出其错误，且不停止其解释执行过程，编制者只能通过显示效果来分析出错原因和出错部位。

说明： 不同的浏览器，对同一标记符可能会有不完全相同的解释，因而可能会有不同的显示效果。

HTML 语言不是很复杂，但功能强大，支持不同数据格式的文件嵌入，是一种简单、通用的全置标记语言。它允许网页制作人建立文本与图片相结合的复杂页面，这些页面可以被网上任何其他人浏览，无论使用的是什么类型的计算机和浏览器。

标准的 HTML 文件都具有一个基本的整体结构，即在标记符号 <html></html> 之间包含头部信息与主体内容两大部分。头部信息以 <head></head> 表示开始和结尾。头部信息中包含的标记是页面的标题、序言、说明等内容，它本身不作为内容来显示，但影响网页显示的效果。头部中最常用的标记符是标题标记符，标题标记符用于定义网页的标题，它的内容显示在网页窗口的标题栏中，网页标题可被浏览器用作书签和收藏清单。而主体内容才是真正网页中显示的内容，主体内容均包含在标记符号<body></body>中。

另外，HTML语言中也有注释，HTML注释由符号“<!--”开始，由符号“-->”结束，例如<!--注释内容-->。注释内容可插入文本中任何位置。任何标记若在其最前插入惊叹号，即被标识为注释，不予显示。

8.2.2 XML语言

XML（Extensible Markup Language）语言是另外一种标记语言，是HTML语言的补充，该语言可以对文档和数据进行结构化处理，从而实现动态内容生成。XML语言可以使我们能够更准确地搜索，更方便地传送软件组件，更好地描述一些事物。相对于HTML语言，XML语言设计用来传输和存储数据，它的标签没有被预定义，需要我们自行定义标签；而HTML语言被设计用来显示数据，它的标签通常是定义好的。

8.2.3 XML语法结构

XML语言的语法规则很简单，且很有逻辑，具体来说有以下几个方面。

1. 所有XML元素都必须有对应的标签

在HTML文件中，经常会看到没有结束标签的元素。

```
<p>This is a paragraph
<p>This is another paragraph
```

但在XML文件中，省略结束标签是非法的，所有元素都必须有结束标签。

```
<p>This is a paragraph</p>
<p>This is another paragraph</p>
```

2. XML标签对大小写敏感

XML元素是指使用XML 标签定义的部分。XML 标签是对大小写敏感的。在XML中，标签 <Letter>与<letter>是不同的。必须使用相同的大小写来完成开始标签和结束标签。

```
<Message>这是错误的。</message>
<message>这是正确的。</message>
```

3. XML必须正确地嵌套

在HTML文件中，常会看到没有正确嵌套的元素。

```
<b><i>XML语法结构</b></i>
```

在XML文件中，所有元素都必须彼此正确地嵌套。

```
<b><i>XML语法结构</i></b>
```

在上例中，正确嵌套意味着由于<i>元素是在<b>元素内开始的，那么它必须在<b>元素内结束。

4. XML文件必须有根元素

XML文件必须有一个元素是所有其他元素的父元素，该元素称为根元素。

```
<root>
  <child>
    <subchild>.....</subchild>
  </child>
</root>
```

5. XML的属性值须加引号

与HTML类似，XML也可拥有属性（名称与值的对）。在XML中，XML的属性值须加引号。下面的两个XML文件，第一个是错误的，第二个是正确的。

```
<note date=04/03/2016>
<to>eno</to>
<from>nille</from>
</note>

<note date="04/03/2016">
<to>eno</to>
<from>nille</from>
</note>
```

在第一个文件中的错误是，note元素中的date属性没有加引号。

6. 使用实体

在XML语言中，一些字符拥有特殊的意义。比如字符“<”，如果你把字符“<”放在XML元素中，就会发生错误，因为解析器在这里会把它当作新元素的开始。比如下面的语

句就会产生XML错误。

```
<message>如果if i < 1000 then</message>
```

为了避免这类错误，XML文件中需要使用实体来代替“<”字符，上面的语句修正如下。

```
<message>if i &lt; 1000 then</message>
```

在XML语言中，有5个预定义的实体，见表8.1。

表8.1　XML语言中预定义的5个实体

实体	所代替的字符	名称
<	<	小于
>	>	大于
&	&	和号
'	'	单引号
"	"	引号

说明：在XML语言中，其实只有字符“<”和“&”是非法的，而“>”是没有问题的，不过使用实体来代替它是一个好习惯。

7. 在XML中，空格会被保留

HTML文件会把多个连续的空格字符裁减（合并）为一个，比如下面的内容：

```
Hello          my name is David.
```

输出后变为：

```
Hello my name is David.
```

而在XML文件中，空格不会被删节。

8. XML以LF存储换行

在Windows应用程序中，换行通常以一对字符来存储：回车符（CR)和换行符（LF)。这对字符与打字机设置新行的动作有相似之处。在Unix应用程序中，新行以LF字符存储。而Macintosh应用程序使用CR来存储新行。

8.2.4　XML命名规则

XML元素必须遵循以下命名规则。

- 名称可以含字母、数字以及其他字符。
- 名称不能以数字或者标点符号开始。
- 名称不能以字符“xml”（或者XML、Xml）开始。
- 名称不能包含空格。
- 可使用任何名称，XML中没有保留的字词。

8.3　文件分析

8.3.1　保存文件

在了解和掌握了XML语言的用法之后，本节我们通过一些具体的例子来看看Mixly中是如何应用XML语言的。

这里我们先完成一个最简单的例子，拖曳一个输出模块到程序构建区，其中管脚选择为13，然后单击“保存”按钮将文件保存下来，如图8.1所示。这里我们保存的文件名为OUTPUT.xml。

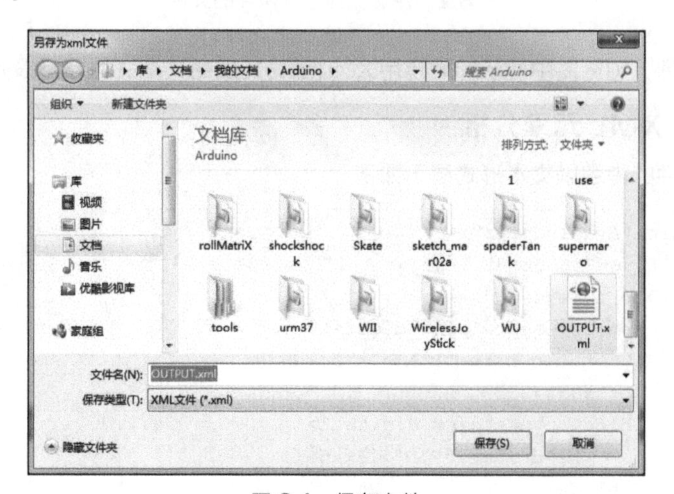

图 8.1　保存文件

然后我们找到这个文件，双击它，用浏览器打开，如图8.2所示。

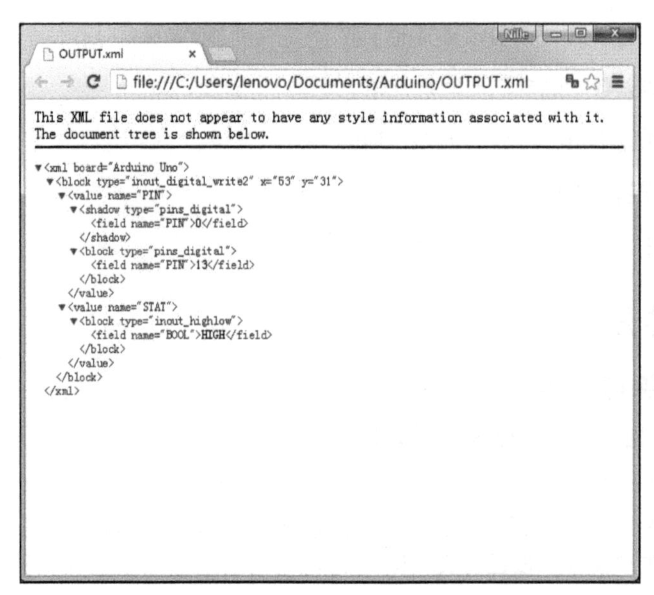

图 8.2　用浏览器打开保存的文件

我们能看到，浏览器中显示的就是用XML语言完成的文本文件，其根元素为<xml>。

8.3.2　XML元素分析

这里将文件的内容以文本形式展示如下：

```
1 <xml board="Arduino Uno">
2   <block type="inout_digital_write2" x="53" y="31">
3       <value name="PIN">
4           <shadow type="pins_digital">
5               <field name="PIN">0</field>
6           </shadow>
7           <block type="pins_digital">
8               <field name="PIN">13</field>
9           </block>
10      </value>

11      <value name="STAT">
12          <block type="inout_highlow">
13              <field name="BOOL">HIGH</field>
14          </block>
15      </value>
16  </block>
17</xml>
```

结合以上的文本以及图8.1中的内容，我们来对这个xml文件进行简单的说明。

说明： 为了方便说明，笔者在每行前面都加了一个行号。

（1）根元素<xml>有一个board属性，属性值为“Arduino Uno”，这个属性是我们选择的控制板类型，如果使用的是LuBot MK，则这里会显示“LuBot MK”。

（2）元素<block>是第2行到第16行的内容，因为这个例子中只有一个数字输出模块，所以这个元素<block>就基本是这个文件的全部了，元素有3个属性，第一个属性是模块的类型，这里是inout_digital_write2，通过名字大概能够知道是“输入/输出”分类中的数字输出模块；第二个和第三个属性是这个模块在程序构建区中的位置。

（3）接下来主要是两个参数元素<value>，一个是第4行到第9行的内容，元素的名称属性为PIN，表示是设置管脚的；一个是第12行到第14行的内容，元素的名称属性为STAT，表示是设置状态的。

（4）在第一个参数元素之中又有两个元素，一个是<shadow>，一个是<block>。元素<shadow>表示参数的默认值，其中又包含元素<field>，用来指定默认的管脚为0。大家在操作数字输出模块时应该有印象，我们刚拖曳出来的模块中，管脚的参数值是0。元素<block>是我们设定的值，类型是pins_digital，表示只针对数字管脚，这其中又包含元素<field>，这里是我们设定的13管脚。

（5）第二个参数元素中只有一个<block>元素，这个元素其实应该算是“输入/输出”中的高低数值模块，其类型为inout_highlow，此处的值为HIGH。

8.3.3 XML的修改

以上就是对保存的OUTPUT.xml文件的分析，在分析的基础上，我们可以尝试着在文本编辑器中修改一下这个文件，具体步骤如下。

（1）复制第2行到第16行的内容，粘贴到第16行之后，完成后内容如下。

```
1 <xml board="Arduino Uno">
2   <block type="inout_digital_write2" x="53" y="31">
3       <value name="PIN">
4           <shadow type="pins_digital">
5               <field name="PIN">0</field>
6           </shadow>
7           <block type="pins_digital">
8               <field name="PIN">13</field>
9           </block>
10      </value>

11      <value name="STAT">
```

```
12          <block type="inout_highlow">
13              <field name="BOOL">HIGH</field>
14          </block>
15      </value>
16  </block>

17  <block type="inout_digital_write2" x="53" y="31">
18      <value name="PIN">
19          <shadow type="pins_digital">
20              <field name="PIN">0</field>
21          </shadow>
22          <block type="pins_digital">
23              <field name="PIN">13</field>
24          </block>
25      </value>

26      <value name="STAT">
27          <block type="inout_highlow">
28              <field name="BOOL">HIGH</field>
29          </block>
30      </value>
31  </block>
32</xml>
```

（2）修改第17行中模块的位置，因为本人不太确定模块的大小，所以将位置中的y值稍微改大一些，为130。

（3）将第28行中的HIGH修改为LOW。

（4）最终完成的内容如下。

```
1 <xml board="Arduino Uno">
2   <block type="inout_digital_write2" x="53" y="31">
3       <value name="PIN">
4           <shadow type="pins_digital">
5               <field name="PIN">0</field>
6           </shadow>
7           <block type="pins_digital">
8               <field name="PIN">13</field>
9           </block>
10      </value>

11      <value name="STAT">
12          <block type="inout_highlow">
```

```
13              <field name="BOOL">HIGH</field>
14          </block>
15      </value>
16  </block>

17  <block type="inout_digital_write2" x="53" y="130">
18      <value name="PIN">
19          <shadow type="pins_digital">
20              <field name="PIN">0</field>
21          </shadow>
22          <block type="pins_digital">
23              <field name="PIN">13</field>
24          </block>
25      </value>

26      <value name="STAT">
27          <block type="inout_highlow">
28              <field name="BOOL">LOW</field>
29          </block>
30      </value>
31  </block>
32</xml>
```

（5）保存文件，然后在Mixly当中使用“打开”按钮打开文件，修改后文件的显示效果如图8.3所示。

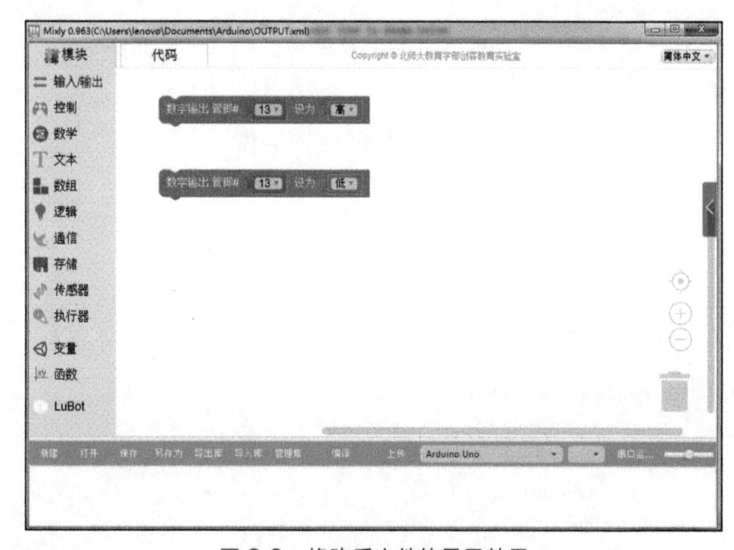

图 8.3　修改后文件的显示效果

8.3.4 较负责的程序块分析

通过上一节的实践，我们已经稍微掌握了一些修改XML文件的方法和思路，这一节就再通过一个稍微复杂一点的程序块，来深入体会一下Mixly当中的元素。

这里完成一个选择结构的程序块。首先拖曳一个选择结构模块放到程序构建区，模块的条件为管脚0的数字输入，选择结构模块的执行中放置一个模拟输出模块，输出管脚为3，值为200；接着放置一个延时模块；最后再放一个模拟输出模块，输出管脚为3，值为0。

完成之后的程序块如图8.4所示。

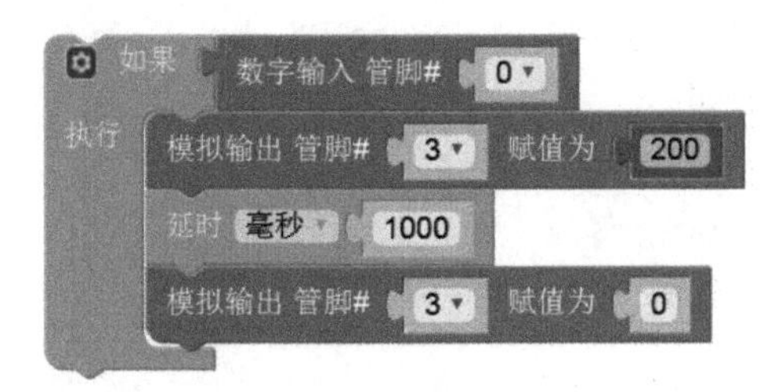

图8.4 完成的较复杂的程序块

保存并用文本编辑软件打开文件，内容如下。

```
1<xml board="Arduino Uno">
2  <block type="controls_if" x="95" y="96">
3      <value name="IF0">
4          <block type="inout_digital_read2">
5              <value name="PIN">
6                  <shadow type="pins_digital">
7                      <field name="PIN">0</field>
8                  </shadow>
9              </value>
10         </block>
11     </value>

12     <statement name="DO0">
13         <block type="inout_analog_write">
14             <value name="PIN">
15                 <shadow type="pins_pwm">
16                     <field name="PIN">3</field>
17                 </shadow>
18             </value>
19             <value name="NUM">
```

```
20                <shadow type="math_number">
21                    <field name="NUM">0</field>
22                </shadow>
23                <block type="math_number">
24                    <field name="NUM">200</field>
25                </block>
26            </value>

27            <next>
28                <block type="base_delay">
29                    <field name="UNIT">delay</field>
30                    <value name="DELAY_TIME">
31                        <shadow type="math_number">
32                            <field name="NUM">1000</field>
33                        </shadow>
34                    </value>
35                    <next>
36                        <block type="inout_analog_write">
37                            <value name="PIN">
38                                <shadow type="pins_pwm">
39                                    <field name="PIN">3</field>
40                                </shadow>
41                            </value>

42                            <value name="NUM">
43                                <shadow type="math_number">
44                                    <field name="NUM">0</field>
45                                </shadow>
46                            </value>
47                        </block>
48                    </next>
49                </block>
50            </next>
51        </block>
52    </statement>
53  </block>
54</xml>
```

上一节中文件的文本形式，我们还能勉强一句一句地读下来，这一节的文本形式就有点让人眼花缭乱了。不过如果我们用浏览器打开xml文件，会发现一般在开始标签前面都有一个小箭头，如图8.5所示。

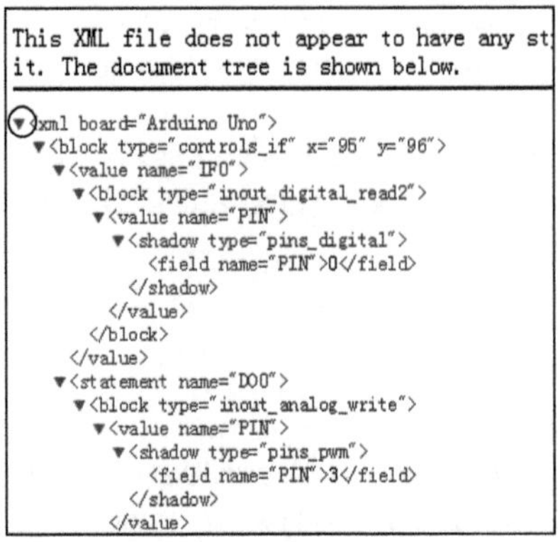

```
This XML file does not appear to have any st
it. The document tree is shown below.

▼<xml board="Arduino Uno">
  ▼<block type="controls_if" x="95" y="96">
    ▼<value name="IF0">
      ▼<block type="inout_digital_read2">
        ▼<value name="PIN">
          ▼<shadow type="pins_digital">
              <field name="PIN">0</field>
            </shadow>
          </value>
        </block>
      </value>
    ▼<statement name="DO0">
      ▼<block type="inout_analog_write">
        ▼<value name="PIN">
          ▼<shadow type="pins_pwm">
              <field name="PIN">3</field>
            </shadow>
          </value>
```

图 8.5　开始标签前面的小箭头

这个小箭头默认是指向下的，如果我们单击这个小箭头，整个元素会缩略成一行。单击元素<xml>前面的箭头，效果如图8.6所示。

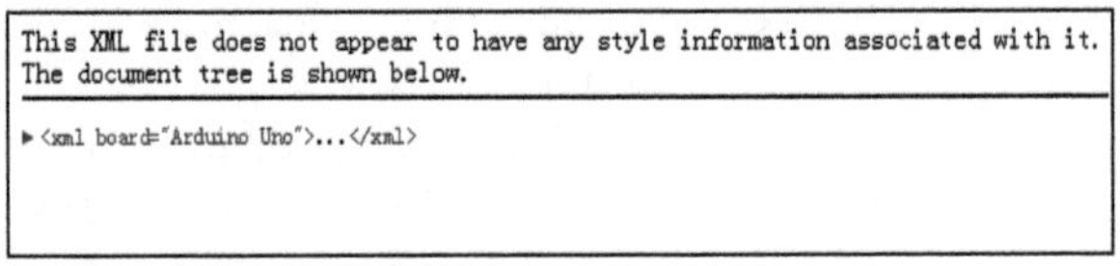

```
This XML file does not appear to have any style information associated with it.
The document tree is shown below.

► <xml board="Arduino Uno">...</xml>
```

图 8.6　单击元素 <xml> 前面的箭头

此时，元素前面的箭头就指向了右侧，表示这是一个缩略的内容。因为元素<xml>是一个根元素，所以这里就只能看到一行内容。

这个小箭头能够帮助我们梳理或阅读这个XML文件。这里将元素<xml>前面的小箭头点开，同时单击元素<xml>内的第一个元素前面的小箭头，则显示的文本变为：

```
<xml board="Arduino Uno">
    <block type="controls_if" x="95" y="96">...</block>
</xml>
```

其中第二行就包含了本节开始那段文本的第2行至第53行的内容。这里只有一行是表示这个文件中只有一个选择结构模块（type="controls_if"），位置在x=95、y=96的地方。

元素再往下展开的话，会有两个并列的元素<value>和<statement>，如下所示。

```
<xml board="Arduino Uno">
    <block type="controls_if" x="95" y="96">
        <value name="IF0">...</value>
```

```
        <statement name="DO0">...</statement>
    </block>
</xml>
```

其中元素<value>表示选择结构模块执行的条件，而<statement>中包含的是条件成立时执行的模块。

再往下展开的话，就能看到相应的模块了，如下所示。

```
<xml board="Arduino Uno">
    <block type="controls_if" x="95" y="96">
        <value name="IF0">
            <block type="inout_digital_read2">...</block>
        </value>
        <statement name="DO0">
            <block type="inout_analog_write">...</block>
        </statement>
    </block>
</xml>
```

在选择结构模块执行的条件中是一个数字输入模块（type="inout_digital_read2"），这个模块对应的元素<block>之中应该和上一节中的数字输出模块差不多，这里我们就不深入介绍了，大家可以尝试自己分析一下。这里再来看一下条件成立时执行的模块所对应的元素，从文本来看好像只包含了一个模拟输出模块（<block type="inout_analog_write">...</block>），但我们的程序块中应该是3个模块才对。看来还需要再往下展开，仔细分析一下。

点开<block type="inout_analog_write">...</block>前面的箭头，如下所示。

```
<xml board="Arduino Uno">
    <block type="controls_if" x="95" y="96">
        <value name="IF0">
            <block type="inout_digital_read2">...</block>
        </value>
        <statement name="DO0">
            <block type="inout_analog_write">
                <value name="PIN">...</value>
                <value name="NUM">...</value>
                <next>
                    <block type="base_delay">
                        <field name="UNIT">delay</field>
                        <value name="DELAY_TIME">...</value>
                        <next>...</next>
```

```
                    </block>
                </next>
            </block>
        </statement>
    </block>
</xml>
```

在模拟输出模块对应的元素中能够看到，除了两个参数外还有一个元素<next>，再点开元素<next>，会发现其中包含了延时模块（type="base_delay"），而在延时模块对应的元素中，最后同样也有一个元素<next>，由此我们能够知道Mixly是通过元素<next>来衔接两个相互两节的模块的。这里第一个模拟输出模块对应的元素中通过元素<next>包含了下面的延时模块，而延时模块对应的元素中通过元素<next>包含了下面的模拟输出模块。

现在可以将上一节中最后的文本再做一次修改，把我们添加的内容放在元素<next>当中，内容如下，然后用Mixly打开看看效果。

```
1<xml board="Arduino Uno">
2  <block type="inout_digital_write2" x="53" y="31">
3      <value name="PIN">
4          <shadow type="pins_digital">
5              <field name="PIN">0</field>
6          </shadow>
7          <block type="pins_digital">
8              <field name="PIN">13</field>
9          </block>
10     </value>

11     <value name="STAT">
12         <block type="inout_highlow">
13             <field name="BOOL">HIGH</field>
14         </block>
15     </value>
16     <next>
17         <block type="inout_digital_write2">
18             <value name="PIN">
19                 <shadow type="pins_digital">
20                     <field name="PIN">0</field>
21                 </shadow>
22                 <block type="pins_digital">
23                     <field name="PIN">13</field>
24                 </block>
```

```
25              </value>
26              <value name="STAT">
27                  <block type="inout_highlow">
28                      <field name="BOOL">LOW</field>
29                  </block>
30              </value>
31          </block>
32      </next>
33   </block>
34</xml>
```

8.4　库文件分析

8.4.1　导出库

简单分析了Mixly保存的文件后，我们再来看一下Mixly中的库文件。这里同样完成一个简单的例子，拖曳一个定义函数的模块到程序构建区，其中再包含一个数字输出模块。然后单击“导出库”按钮将这个程序块导成库文件，如图8.7所示。这里导出的库文件命名为fun.xml。

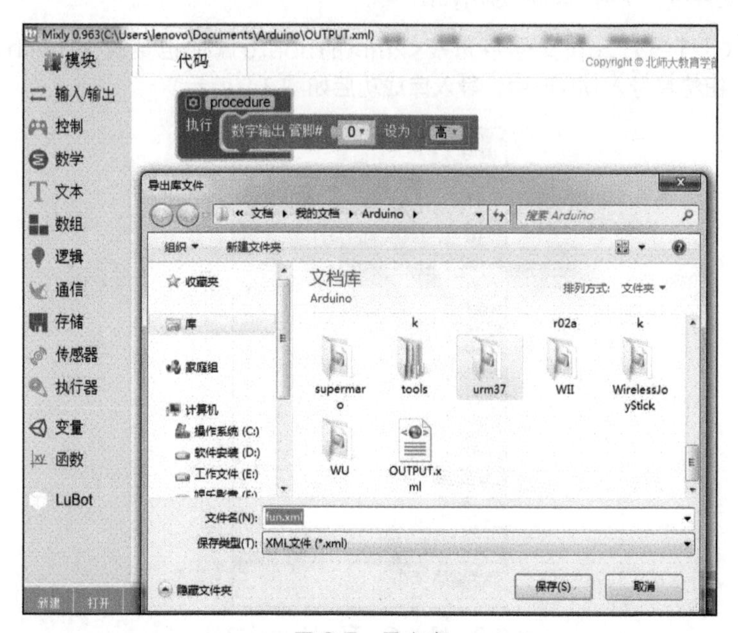

图 8.7　导出库

然后我们找到这个库文件，双击它，用浏览器打开，如图8.8所示。

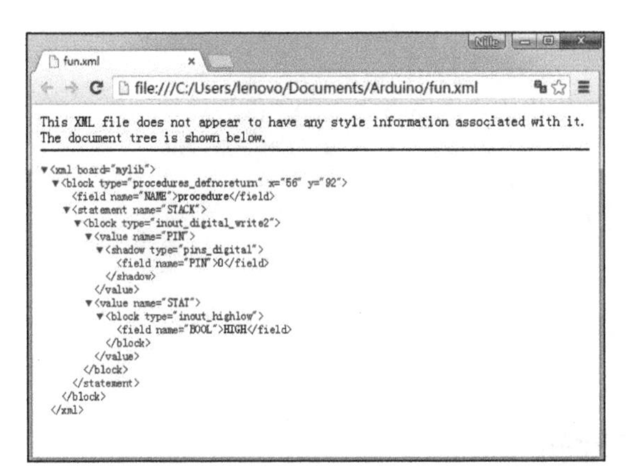

图 8.8　用浏览器打开保存的库文件

8.4.2　库文件分析

通过图8.6中的内容我们能够看出来，其实库文件和之前保存的项目文件最根本的区别就是元素<xml>的board属性不同，项目文件中board的属性是指项目所使用的控制板，而在库文件中，board属性为mylib。

如果将OUTPUT.xml文件中元素<xml>的board属性也更改为mylib，就能通过“导入库”按钮将其导入Mixly中，导入库成功后如图8.9所示。

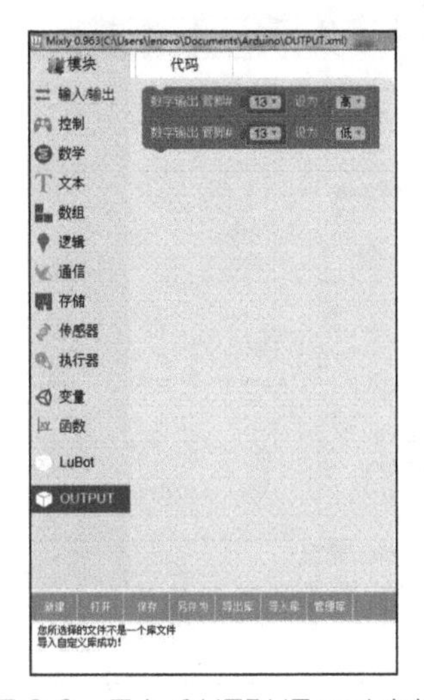

图 8.9　导入 OUTPUT.xml 文件

图8.9中的提示区中第一行写着“您所选择的文件不是一个库文件”，这是笔者未修改OUTPUT.xml文件时的导入结果。

附录 A　模块代码对照

通过第8章的内容，大家大致了解了Mixly在软件界面中是如何处理图形化程序块的，当软件处理各个模块在界面中的显示效果时，同时还会完成相应的代码（通过JavaScript脚本语言），这个代码可以在“代码”标签页中查看，也可以通过程序构建区最右侧的那个向左的按钮调出代码区。最终编译、上传的操作，实际上还是对这段代码文本的操作，通过调用编译器完成代码的编译。

所以，为了更好地掌握和使用Mixly，大家还是需要对模块所对应的代码有一定的了解，另外笔者在使用Mixly完成程序块时，有时遇到问题，也是对照代码才发现问题出在什么地方，比如在第四章中对EEPROM的操作，对照代码才知道地址参数需要做一个乘以4的运算。因此，本书将大部分模块所对应的代码按照分类罗列了出来。

A.1　输入/输出

因为高低数值模块需要和其他模块配合才能体现出来，所以这里将“输入/输出”分类中的前两个模块结合进行代码对照（之后再出现此类情况就不单独解释了）。

```
digitalWrite(0,HIGH);
```

说明： 高低模块中，“低”对应参数LOW，“高”对应参数HIGH。

数字输入 管脚# 0

```
digitalRead(0);
```

模拟输出 管脚# 3 赋值为 0

```
analogWrite(3,0);
```

模拟输入 管脚# A0

```
analogRead(A0);
```

中断控制模块生成的代码分为两部分，一部分是在程序主体中完成的一个函数，如下：

```
attachInterrupt(digitalPinToInterrupt(2),attachInterrupt_fun_2,RISING);
```

另一部分是实现中断功能的回调函数，如下（包含在中断控制模块中的模块产生的代码都是放在这个回调函数中）：

```
void attachInterrupt_fun_2()
{
}
```

取消中断 管脚# 2

```
detachInterrupt(digitalPinToInterrupt(2));
```

脉冲长度（微秒） 管脚# 0 状态 高

```
pulseIn(0, HIGH);
```

脉冲长度（微秒） 管脚# 0 状态 高 超时（微秒） 1000000

```
pulseIn(0, HIGH, 1000000);
```

ShiftOut 数据管脚# 0 时钟管脚# 0 顺序 高位先入 数值 0

```
shiftOut(1,0,MSBFIRST,0);
```

说明： 移位输出模块中，“低位先入”顺序对应的参数为LSBFIRST，“高位先入”顺序对应的参数为MSBFIRST。

A.2 控制

初始化模块对应的就是setup函数，包含在模块中的代码都会放在setup函数中，不过由于代码中本身就包含setup函数，所以这个操作看起来没有任何效果。

延时 毫秒 1000

```
delay(1000);
```

如果 执行

```
if (false)
{
}
```

switch

```
switch (NULL)
{
}
```

```
for (i = 1; i <= 10; i = i + (1))
{
}
```

```
while (false)
{
}
```

```
break;
```

```
millis();
```

A.3　数学

```
sin(0 / 180.0 * 3.14159);
```

```
int(0);
```

```
max(0, 0);
```

```
random(1, 100);
```

```
constrain(0, 1, 100);
```

映射 从[1 , 100]到[1 , 1000]

```
map(, 1, 100, 1, 1000);
```

A.4 文本

“ ”

```
String("");
```

“ Hello ” 连接 “ Mixly ”

```
String("Hello") + String("Mixly");
```

转整数 “ 123 ”

```
String("123").toInt();
```

转字符串 0

```
String("")+0;
```

A.5 数组

数组的定义是放在代码的最前面的。

```
long mylist[]={0, 0, 0};
```

整数 mylist [ ] 从字符串 “ 0,0,0 ” 创建数组

该模块的功能也是定义数组，其对应的代码和上一个模块一样。

获取长度 mylist

```
sizeof(mylist)/sizeof(mylist[0]);
```

获取第 1 项（在数组 mylist 中）

```
mylist[(int)(0)];
```

设置第 1 项（在数组 mylist 中）为

```
mylist[(int)(0)] = 0;
```

A.6 逻辑

和

我们将两者合成如下的程序块：

对应的代码如下：

```
true && true;
```

非与真结合的程序块如下：

对应代码如下：

```
!true;
```

```
NULL;
```

A.7 通信

```
Serial.begin(9600);
```

```
Serial.print("");
```

```
Serial.println("");
```

```
Serial.println(0,HEX);
```

```
Serial.available() > 0;
```

Serial 读取字符串

```
Serial.readString();
```

Serial read

```
Serial.read();
```

ir_item 红外接收 管脚# 0
有信号 Serial 打印（16进制/自动换行） ir_item
无信号

这个模块比较复杂，所以对应代码中我们去掉Serial打印的部分。

```
#include <IRremote.h>
long ir_item;
IRrecv irrecv_0(0);
decode_results results_0;
void setup()
{
  irrecv_0.enableIRIn();
}

void loop()
{
  if(irrecv_0.decode(&results_0)) {
    ir_item=results_0.value;
    String type="UNKNOWN";
    String typelist[14]={"UNKNOWN", "NEC", "SONY", "RC5", "RC6", "DISH", 
"SHARP", "PANASONIC", "JVC", "SANYO", "MITSUBISHI", "SAMSUNG", "LG", "WHYNTER"};
    if(results_0.decode_type>=1&&results_0.decode_type<=13){
      type=typelist[results_0.decode_type];
    }
    Serial.print("IR TYPE:"+type+"  ");
    irrecv_0.resume();
  }
}
```

说明： 这个模块的代码会包含头文件IRremote.h，后面红外遥控相关的都会包含这个头文件。

```
irsend.sendNEC(0x89ABCDEF,32);
```

红外接收并打印数据（RAW）管脚# 0

```
void dumpRaw(decode_results *results) {
  int count = results->rawlen;
  Serial.print("RawData (");
  Serial.print(count, DEC);
  Serial.print("): ");
  for (int i = 0; i < count; i++) {
    Serial.print(results->rawbuf[i]*USECPERTICK, DEC);
    if(i!=count-1){
      Serial.print(",");
    }
  }
}

void setup()
{
  Serial.begin(9600);
  irrecv_0.enableIRIn();
}

void loop()
{
if (irrecv_0.decode(&results_0)) {
    dumpRaw(&results_0);
    irrecv_0.resume();
  }
}
```

红外发射（RAW）管脚# 3 数组 0,0,0 数组长度 3 频率 38

```
unsigned int buf_raw[3]={0,0,0};
irsend.sendRaw(buf_raw,3,38);
```

```
Wire.beginTransmission(0);
Wire.write(0);
Wire.endTransmission();
```

说明： I^2C相关的模块需包含头文件Wire.h。

I2C读取 设备地址
字节数

```
Wire.requestFrom(0, 0);
```

I2C读取

```
Wire.read();
```

读取I2C成功吗？

```
Wire.available();
```

A.8 存储

写入 SD 文件 “file.txt”
数据 “hello world”
换行 真

```
#include <SD.h>
#include <SPI.h>

void setup()
{
  const int chipSelect = 10;
  SD.begin(chipSelect);
}

void loop()
{
  File datafile = SD.open("file.txt", FILE_WRITE);
  if(datafile){
      datafile.print(String("hello world"));
      datafile.println("");
      datafile.close();
  }
}
```

写入 EEPROM 地址 0
数值 0

```
#include <EEPROM.h>
void eepromWriteLong(int address, unsigned long value) {
  union u_tag {
      byte b[4];
```

```
    unsigned long ULtime;
  }
  time;
  time.ULtime=value;
  EEPROM.write(address, time.b[0]);
  EEPROM.write(address+1, time.b[1]);
  if (time.b[2] != EEPROM.read(address+2) )
      EEPROM.write(address+2, time.b[2]);
  if (time.b[3] != EEPROM.read(address+3) )
      EEPROM.write(address+3, time.b[3]);
}

void loop()
{
  eepromWriteLong(0, 0);
}
```

读取 EEPROM 地址 0

```
#include <EEPROM.h>

unsigned long eepromReadLong(int address) {
  union u_tag {
    byte b[4];
    unsigned long ULtime;
  }
  time;
  time.b[0] = EEPROM.read(address);
  time.b[1] = EEPROM.read(address+1);
  time.b[2] = EEPROM.read(address+2);
  time.b[3] = EEPROM.read(address+3);
  return time.ULtime;
}

void loop()
{
  eepromReadLong(0);
}
```

A.9 LuBot

```
ledLeft.on();
```

说明： LED灭的函数为off()。

```
ledLeft.change();
```

```
motorLeft.setSpeed(0);
```

```
motorLeft.setDirection(COUNTERCLOCKWISE);
```

说明： 顺时针对应的值为CLOCKWISE，逆时针对应的值为COUNTERCLOCKWISE。

```
motorLeft.changeDirection();
```

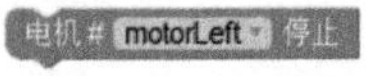

```
motorLeft.stop();
```

```
speaker.play(NOTE_C3);
```

```
speaker.play(NOTE_C3,1000);
```

```
speaker.noPlay();
```

附录 B 频率值与音调对应表

序号	音调	频率值	软件中的宏定义
1	C1	33	NOTE_C1
2	#C1	35	NOTE_CS1
3	D1	37	NOTE_D1
4	#D1	39	NOTE_DS1
5	E1	41	NOTE_E1
6	F1	44	NOTE_F1
7	#F1	46	NOTE_FS1
8	G1	49	NOTE_G1
9	#G1	52	NOTE_GS1
10	A1	55	NOTE_A1
11	#A1	58	NOTE_AS1
12	B1	62	NOTE_B1
13	C2	65	NOTE_C2
14	#C2	69	NOTE_CS2
15	D2	73	NOTE_D2
16	#D2	78	NOTE_DS2
17	E2	82	NOTE_E2
18	F2	87	NOTE_F2
19	#F2	93	NOTE_FS2
20	G2	98	NOTE_G2
21	#G2	104	NOTE_GS2
22	A2	110	NOTE_A2
23	#A2	117	NOTE_AS2
24	B2	123	NOTE_B2
25	C3	131	NOTE_C3
26	#C3	139	NOTE_CS3
27	D3	147	NOTE_D3

续表

序号	音调	频率值	软件中的宏定义
28	#D3	156	NOTE_DS3
29	E3	165	NOTE_E3
30	F3	175	NOTE_F3
31	#F3	185	NOTE_FS3
32	G3	196	NOTE_G3
33	#G3	208	NOTE_GS3
34	A3	220	NOTE_A3
35	#A3	233	NOTE_AS3
36	B3	247	NOTE_B3
37	C4（中音do）	262	NOTE_C4
38	#C4	277	NOTE_CS4
39	D4	294	NOTE_D4
40	#D4	311	NOTE_DS4
41	E4	330	NOTE_E4
42	F4	349	NOTE_F4
43	#F4	370	NOTE_FS4
44	G4	392	NOTE_G4
45	#G4	415	NOTE_GS4
46	A4	440	NOTE_A4
47	#A4	466	NOTE_AS4
48	B4	494	NOTE_B4
49	C5	523	NOTE_C5
50	#C5	554	NOTE_CS5
51	D5	587	NOTE_D5
52	#D5	622	NOTE_DS5
53	E5	659	NOTE_E5
54	F5	698	NOTE_F5
55	#F5	740	NOTE_FS5

续表

序号	音调	频率值	软件中的宏定义
56	G5	784	NOTE_G5
57	#G5	831	NOTE_GS5
58	A5	880	NOTE_A5
59	#A5	932	NOTE_AS5
60	B5	988	NOTE_B5
61	C6	1047	NOTE_C6
62	#C6	1109	NOTE_CS6
63	D6	1175	NOTE_D6
64	#D6	1245	NOTE_DS6
65	E6	1319	NOTE_E6
66	F6	1397	NOTE_F6
67	#F6	1480	NOTE_FS6
68	G6	1568	NOTE_G6
69	#G6	1661	NOTE_GS6
70	A6	1760	NOTE_A6
71	#A6	1865	NOTE_AS6
72	B6	1976	NOTE_B6
73	C7	2093	NOTE_C7
74	#C7	2217	NOTE_CS7
75	D7	2349	NOTE_D7
76	#D7	2489	NOTE_DS7
77	E7	2637	NOTE_E7
78	F7	2794	NOTE_F7
79	#F7	2960	NOTE_FS7
80	G7	3136	NOTE_G7
81	#G7	3322	NOTE_GS7
82	A7	3520	NOTE_A7
83	#A7	3729	NOTE_AS7
84	B7	3951	NOTE_B7